Björn Siemers / Dietmar Nill

FLEDERMÄUSE

Björn Siemers/Dietmar Nill

FLEDERMÄUSE

Das Praxisbuch

Echoortung • Jagdverhalten
Winterquartiere • Schutz
Fledermauskästen und -Detektoren
Bat Nights • Experten-Interviews

blv

Fledermausgalerie 92

Wichtige und interessante Einzelthemen

Experten-Interviews

Anhang 122

Fledermäuse kennen lernen

Im Herbst diesen Jahres rief mich eine Dame an und berichtete, sie habe auf ihrem Balkon ein Tier gefunden. Es sei klein mit langen Beinchen; eine Fledermaus oder sonst irgendein anderer Vogel.

Jedenfalls sei es nun sicher vor ihrer Katze und sitze unter einem Schuhkarton. Gemeinsam haben wir dann rekonstruiert, dass die »Beinchen« angelegte Arme mit Flughaut sind, dass es sich um eine Fledermaus und also nicht um einen Vogel handelt und dass das Tier wahrscheinlich schon geraume Zeit hinter den geöffneten Fensterläden im zweiten Stockwerk Quartier bezogen hat. Ich habe versucht, ihr per Telefon zu raten, wie sie die Fledermaus unter dem Schuhkarton hervor- und wieder in ihr angestammtes Quartier bekommt. Davon aber später.

Ich erzähle diese Episode, weil sie zeigt, dass Fledermäuse zwar manchmal »um die Ecke« wohnen, dass wir ihnen aber nur selten begegnen und oft nur wenig von ihnen wissen. Da will dieses Büchlein Abhilfe schaffen. Auf den folgenden Seiten werden wir Sie in Text und Bild mit in die Nacht hinausnehmen. Wir wollen in Ihrer Umgebung mit dem Bat-Detektor Fledermäuse aufspüren und beobachten, werden verschiedene Fledermausarten kennen lernen, einen vorsichtigen Blick in die Kinderstube der Flattertiere wagen und die Stationen eines Fledermausjahres miterleben. Sie werden erfahren, dass Fledermäuse faszinierende, aber hierzulande leider auch sehr gefährdete Tiere sind. Deshalb spielt der Fledermausschutz eine wichtige Rolle in diesem Buch. Wir wollen zum einen Anregungen geben, wie Sie persönlich zum Erhalt der Hauptdarsteller dieses Buches beitragen können. Zum anderen werden wir zeigen, wie von Naturschutzseite Fledermausquartiere gesichert, Bestände kartiert und wandernde Fledermäuse beringt werden, und Ihnen dabei exemplarisch einige Fledermausschützer, deren Arbeit, Meinungen und Erfahrungen vorstellen. Da es inzwischen erfreulich viele Fledermausschützer gibt, können wir hier natürlich nur ganz wenige zu Wort kommen lassen. Unsere Auswahl bedeutet in keiner Weise, dass die Arbeit der Nichtgenannten weniger wichtig wäre!

Wir hoffen, dass Sie, angeregt durch dieses Buch, selbst viele Fledermauserfahrungen machen und diesen liebenswerten nächtlichen Flatterwesen zum Freund und Fürsprecher werden. Um nochmals auf die oben genannte Dame zurückzukommen, so viel vorweg: Fledermäuse sind Säugetiere und keine Vögel. Sie bringen in so genannten Wochenstubenquartieren lebende Junge zur Welt, die ordentlich gesäugt werden, wie sich das für ein Säugetier eben gehört.

Der junge Kleine Abendsegler trinkt Milch bei seiner Mutter: ein echtes Säugetier.

Zweifarbfledermaus vor dem nächtlichen Jagdflug.

Sind Fledermäuse fliegende Mäuse?

Über meinem Schreibtisch hängt eine Karikatur, auf der zwei Mäuse zu sehen sind. Sie sitzen dicht beieinander auf einer Waldlichtung, den Blick nach oben gerichtet. Über ihnen zieht eine Fledermaus mit weit gebreiteten Flügeln durch den abendlichen Himmel und die eine Maus sagt bewundernd zur anderen: »Wenn ich groß bin, möchte ich auch mal Pilot werden!« Der Wunsch der kleinen Karikatur-Maus ist durchaus verständlich; außer Mäusen träumen auch Menschen seit je vom Fliegen. Sind Fledermäuse also, wie es ihr deutscher Name und auch der Schöpfer meiner Karikatur nahe legen, nichts weiter als fliegende Mäuse? Fledermäuse sind ja schließlich – ebenso wie Mäuse – kleine Säugetiere.

Innerhalb der Klasse der Säugetiere aber sind Fledermäuse und Mäuse nicht besonders nahe verwandt. Die einen werden von den Zoologen zusammen mit den Flughunden in die Ordnung der Fledertiere gesteckt, die anderen mit Hamster, Stachelschwein und Co. in die der Nagetiere. Und wenn Zoologen heutzutage System ins Tierreich bringen, dann bemühen sie sich, Tierarten so zusammenzuordnen, wie es dem Lauf der Evolutionsgeschichte entspricht. Alle heute lebenden (und viele, viele ausgestorbene) Säugetierarten stammen von einem »Ursäuger« ab, der vor über 200 Millionen Jahren gelebt hat. Die evolutionsgeschichtlichen Zweige von Nagetieren und Fledertieren haben sich schon früh im Säugetier-Stammbaum getrennt.

Eine längere gemeinsame Evolutionsgeschichte haben Fledertiere mit den Primaten oder Herrentieren. Wahrscheinlich bilden die Fledertiere zusammen mit zwei kleinen Säugerordnungen und den Primaten eine Abstammungsgemeinschaft, d.h. sie stammen allesamt von einem gemeinsamen Vorfahren ab, der sich schon lange von den anderen Säugerlinien (Nagetiere, Raubtiere, Huftiere, Wale usw.) getrennt hatte. Zu den Primaten aber gehören neben allen Halbaffen, Affen und Menschenaffen natürlich auch wir Menschen selbst. Da unsere nächsten evolutionsgeschichtlichen Verwandten, Schimpanse und Bonobo, in Afrika leben und sich außer ein paar von den Briten protegierten Berberaffen in Gibraltar sonst außer uns Menschen keine weiteren Primaten in Europa halten, haben die eben angestellten Überlegungen ein auf den ersten Blick verblüffendes Ergebnis: Fledermäuse sind in Europa unsere nächsten Verwandten im Tierreich.

Fledermäuse sollen also uns Menschen evolutionsgeschichtlich näher stehen als den Mäusen?! Ist das nachvollziehbar?

Ein Blick auf die Lebensgeschichte der Fledermäuse spricht hier Bände: Während die meisten Mäuse ein, zwei Jahre leben und dafür alle paar Wochen auf Teufel komm raus Jungtiere werfen, können Fledermäuse in Extremfällen über 25 Jahre alt werden, wobei sie erst nach 1 Jahr geschlechtsreif werden und nur 1 Junges pro Jahr bekommen. In jedes einzelne Jungtier investie-

Sowohl Fledermäuse als auch Mäuse sind zwar kleine Säugetiere, aber besonders nahe verwandt miteinander sind sie nicht (hier eine Rötelmaus und eine Wasserfledermaus). Wahrscheinlich sind die Fledermäuse evolutionsgeschichtlich gesehen mit uns Menschen sogar näher verwandt als mit den Mäusen!

ren sie, wie Menschen und andere Primaten, viel Zeit und Energie. Ihr für so kleine Säugetiere erstaunlich langes Leben prädestiniert sie zu lernfähigen, individuellen Traditionstieren, die jeden Winter, Sommer, Herbst am immer gleichen Platz verbringen. Dabei kennen Fledermäuse, die ja als Flieger viel mobiler sind als die Maus von der Waldlichtung, oft Gebiete enormer Größe und wissen, wo was für sie am besten ist. Das ist einem Menschen doch gar nicht so unähnlich, der ein »geordnetes Leben« mit jahreszeitlich typischen Aktivitäten führt.
Ich gewinne dem Gedanken an unsere biologische Nähe zu den Fledermäusen eine besondere Faszination für diese Tiergruppe und zugleich eine gewisse Ehrfurcht ab, wenn ich des Nachts ihr Leben studiere. Ein zoologischer Systematiker würde, um die Verwandtschaft zu belegen, Merkmale ins Feld führen wie das brustständige Zitzenpaar oder den »Penis pendulum«, den frei hängenden Penis, die Fledertiere und Primaten, im Gegensatz zu allen nicht zu deren Abstammungsgemeinschaft gehörenden Säugern, gleichermaßen aufweisen. Diese Merkmalsausstattung der Primaten dürfte dem Leser aus dem Zoo und von der Morgentoilette bekannt sein. Die Anatomie der Fledermäuse ist wahrscheinlich weniger geläufig und deshalb wollen wir sie im nächsten Abschnitt ein wenig beleuchten.

Wie sieht eine Fledermaus aus?

Bevor wir Sie nun im nächsten Kapitel ermuntern, den Lesesessel zu verlassen, das Buch mit der Taschenlampe zu vertauschen und zu eigenen nächtlichen Beobachtungen aufzubrechen, sei hier zuerst ein genauer Blick auf unsere Studienobjekte geworfen. So wohl beleuchtet und geduldig wie auf nebenstehender Fotografie lassen sich Fledermäuse bei ihrem Jagdgeschäft im Freiland nämlich nicht betrachten. Oft fliegen sie schnell und wendig an einem vorüber. 5 Meter pro Sekunde (also 18 km/h) sind für Fledermäuse kein Problem und da ist

es sehr dienlich, sich vorab und eben noch im Lesesessel ein erstes Bild zu verschaffen, um dann die Gestalt und Bewegungen der huschenden Flatterwesen draußen zu erahnen, aus dem Gedächtnis ergänzen zu können und zu verstehen. Dieses erste Fledermausbild verankert sich am besten im Kopf, wenn es an ein paar Namen für die Besonderheiten der Fledermausanatomie aufgehängt wird.
Schon der schwedische Biologe Carl von Linné, der im 18. Jahrhundert viele Tier- und Pflanzenarten beschrieb und benannte, wusste, dass man sich Dinge am besten merken kann, wenn man sie in eine Gedankenschublade legt und ein Namensschildchen »draufklebt«. Er hat das seiner Zeit gemäß nur etwas vornehmer und auf Latein ausgedrückt: *»Nomina si nescis perit et cognitia rerum.«* (Wenn man den Namen nicht weiß, vergeht auch das Wissen von der Sache.)
Die Fledermaus, die man auf dem Foto rechts sehen kann, ist eine Wasserfledermaus. Wenn wir ein menschliches Gegenüber zum ersten Mal mustern, sehen wir ihm ins Gesicht, genauer gesagt in die Augen. Machen wir es also bei der Wasserfledermaus ebenso und wir erblicken zwei kleine schwarze »Knopfaugen«. Mit einem Wort und entgegen manch landläufiger Vorstellung heißt das, Fledermäuse haben sehr wohl Augen und sind nicht etwa blind. Allerdings ist ihre Sehfähigkeit nicht gerade die allerbeste im Tierreich und für Nahorientierung und Beutesuche in ihrem nachtdunklen Umfeld von sehr untergeordneter Bedeutung. Viel wichtiger und auch viel größer sind die Ohren. Fledermausohren sind ausgesprochen beweglich. Das Tier auf dem Bild hat seine Ohren nach vorne geklappt und wie Hörrohre auf das ausgerichtet, was seine Aufmerksamkeit in Bann zieht: Auf der Wasseroberfläche treibt ein Insekt; leckere Beute also. Man sieht förmlich, wie sich die Fledermaus das willkommene Mahl »mit den Ohren anschaut«. Was sie da hört, ist das Echobild des Insekts. Sie beleuchtet das Insekt sozusagen mit Ultraschall und richtet dann ihre Ohren auf das, was im »Licht« dieses Schallkegels erscheint.
Die Echoortung der Fledermäuse wird in einem späteren Kapitel des Buches ausführlich Thema sein. Hier sei dazu nur noch gesagt, dass die Wasserfledermaus ihre Ortungslaute durch das Maul ausstößt. Das Maul der Fledermaus auf dem Foto ist also nicht etwa geöffnet, weil sie gleich herzhaft zubeißen will, sondern damit ihr »Ultraschalllicht« angeschaltet ist und sie überhaupt etwas um sich herum wahrnehmen kann.
Schauen wir ihr bei dieser Gelegenheit gleich einmal ins Maul. Dort verraten kleine spitze Zähnchen, bereit und geeignet, Insektenpanzer aus Chitin zu knacken, die Anpassung europäischer Fledermäuse an ihre Insektennahrung.
Bevor wir die Betrachtung des Gesichtes beenden, noch ein Blick ins Ohr. Zum Auge hin steht vor dem tütenförmigen Ohr ein schmaler Zipfel in die Höhe: der Ohrdeckel oder Tragus. Diese Ohrstruktur verändert in charakteristischer Weise das eintreffende Echo. Der Tragus ist für Fledermauskenner zudem von ganz praktischer Bedeutung, weil seine Gestalt und Größe oft arttypisch sind und so zur Feldbestimmung von Fledermausarten mit herangezogen werden. Wenn zwischen Fledermaus- und Menschenohr auf den ersten Blick auch wenig Ähnlichkeit besteht, so kann man doch sich entsprechende Strukturen finden. Wenn Sie dazu in einem kleinen Selbstversuch Ihren Daumen ins Ohr stecken und vorsichtig Richtung Nase zu bewegen versuchen, dann leistet Ihnen jemand Widerstand: Ihr Tragus.
Wenden wir uns nun den Flügeln zu. Diese sind zwischen Armen und Beinen der Fledermaus aufgespannt. Die Hände sind fast völlig in den Flügel integriert; sie spannen die so genannte Handflughaut auf. Lediglich der Daumen schaut krallenbewehrt und frei beweg-

Wasserfledermaus beim Beutefang.

lich aus der Flughaut heraus. Er dient der Fledermaus z.B. beim Herumklettern in ihren Tagesquartieren. Die übrigen 4 Finger sind wie bei uns Menschen aus 3 Fingergliedern und den Mittelhandknochen aufgebaut. Letztere sind bei uns in die Handfläche integriert; bei Fledermäusen sind sie relativ lang und tragen wesentlich zur Breite des Flügels bei. Die Mittelhandknochen und die einzelnen Fingerglieder sind gelenkig verbunden, d.h. der Fledermausflügel kann zur Steuerung des Fluges in sehr fein abgestimmter und komplizierter Art und Weise geformt und auf und ab bewegt werden. Zwischen dem fünften, also dem »kleinen« Finger und der Körperseite des Tieres liegt die Armflughaut. Sie ist kopfwärts an Ober- und Unterarmknochen und schwanzwärts an Ober- und Unterschenkelknochen sowie bei einigen Fledermausarten an den Fußwurzelknochen festgewachsen. Eine fliegende Fledermaus streckt folglich Arme und Beine ab, um die Flügel zu spannen. Um Auf- und Vortrieb zu erhalten,

schlägt sie die Flügel ausgebreitet nach unten. Die Schlagbewegung wird von den Armen ausgeführt, während die Beine lediglich mit der Aufgabe betraut sind, die Flügel aufzuspannen.
Zwischen den Beinen der Wasserfledermaus ist eine Reihe Schwanzknochen zu erkennen. Sie sind in eine Schwanzflughaut integriert, die zwischen den Beinen aufgespannt ist. Die Zehen sind frei und krallenbewehrt. Mit ihnen wird die Wasserfledermaus gleich das Insekt von der Wasseroberfläche greifen und zum Maul führen. Sie sehen an der Unterkante der Schwanzflughaut eine feine Knochenspange, die die Haut zusätzlich spannt und sozusagen »einrahmt«. Es handelt sich um den Sporn, eine von einem Fußwurzelknochen ausgehende Skelettspange. Der Sporn heißt mit Fachterminus Calcar und ist wie der Tragus des Ohres ein wichtiges Bestimmungsmerkmal, um sehr ähnliche Fledermausarten auseinander zu halten. Wenn die Wasserfledermaus Beute aus der Luft fängt, setzt sie die Schwanzflughaut wie einen Kescher ein: Zwischen Körper, Beinen und Calcar wölbt diese sich wie ein Insektennetz und keschert die Beute ein. Die Fledermaus muss sie dann nur noch mit dem Maul herausgreifen – natürlich alles im Flug. Es ist ersichtlich, dass Fledermäuse schnelle und geschickte Luftakrobaten sind. Der »Kescherfang« ist für viele europäische Fledermausarten übrigens typisch; Ergreifen der Beute mit den Füßen ist eher eine Ausnahme.

Aus dem geöffneten Maul sendet diese Breitflügelfledermaus Ortungslaute und entnimmt deren Echos ein Bild von ihrer Umgebung.

Ein Leben kopfüber

Ein letzter Blick in diesem Kapitel gilt der hängenden Fledermaus auf dem Foto oben. Hier hat sich eine Breitflügelfledermaus nach erfolgreichem Beutefang niedergelassen. Es fällt sofort auf, dass das Tier »kopfüber« hängt. Die kräftigen Füße taugen nicht nur zum Beutefang, sondern auch und vor allem zum Festhalten. Allerdings muss eine hängende Fledermaus sich nicht die ganze Zeit mit Muskelkraft festhalten. Dank eines Haltemechanismus, bei dem eine Sehne in einer geriffelten Halteschlaufe eingerastet wird, kann sie anstrengungslos hängen – auch einen ganzen Winterschlaf lang. Selbst tote Fledermäuse werden noch hängend gefunden!

Wenn die Fledermaus schläft, hängt der Kopf gerade nach unten. Ist sie aber wach und aufmerksam wie diese Breitflügelfledermaus, so biegt sie den Kopf nach oben hinten um und »besieht« sich ihre Umgebung mit Echoortungslauten – aus dem geöffneten Maul. Die Flügel sind gefaltet und angelegt. Seitlich am Fledermauskörper sind die Arme zu sehen. Mittelhand- und Fingerknochen liegen parallel zum langen Unterarm, und nun fällt der Daumen mit seiner Kralle besonders auf. Dieser Anblick hatte meine Anruferin an »lange Beinchen« erinnert.

Man mag sich als »aufrechter« Zweibeiner wundern, warum der Fledermaus so kopfüber hängend nicht schlecht wird oder »das Blut in den Kopf läuft«. Diese Angst ist jedoch unbegründet und ein bisschen zu menschlich. Das Problem liegt nämlich eigentlich eher andersherum: Uns Menschen droht das Blut in die langen Beine zu sacken und nur mit gewissem physiologischem Aufwand kommt es zum Herzen zurück. Aus den Fledermausbeinen fließt das Blut schon dank der Schwerkraft zum Herzen zurück und nur auf der vielleicht 2 Zentimeter kurzen Strecke zwischen Kopf und Herz muss gegen die Schwerkraft gearbeitet werden. Im Vergleich zu über 120 cm vom Menschenfuß zum Menschenherzen ein Klacks.

Warum überhaupt hängen Fledermäuse kopfüber? Wie für alle Warum-Fragen, deren Antwort im Verlauf von Jahrmillionen biologischer Evolution und in einer unübersehbaren Kette von Zufällen liegt, muss man ehrlicherweise sagen: man weiß es nicht. Diese Antwort ist zwar ehrlich, aber nicht sehr befriedigend und deshalb erlaubt man sich schon mal spannende Spekulationen, oder etwas wissenschaftlicher ausgedrückt: plausible Evolutionsszenarien. So ist es denkbar, dass die Fledermausbeine durch die Einbindung in die Flughaut als muskelarme »Aufspanner« fürs aufrechte Sitzen untauglich wurden und deshalb die Hängestrategie entstand. Außerdem leben viele Fledermäuse in Höhlen, und wenn man dort nicht gerade auf dem Boden herumsitzen will – ein denkbar unsicherer Ruheplatz –, ist die beste Strategie, um einen sicheren Platz am Höhlendach besetzen zu können, vielleicht das Hängen. Sitzplätze auf Gesimsen sind sicherlich seltener als Hangplätze am Höhlendach. Und wenn dann die Arme und Hände in ein filigranes Flugwerkzeug eingebaut sind, ist der Entwicklung eines Kopfunter-an-den-Füßen-Hängens der Weg bereitet ...

Große Füße geben der Wasserfledermaus Halt beim Hängen und sind obendrein kraftvolle Fangwerkzeuge, wenn es gilt, treibende Insekten von der Wasseroberfläche zu greifen.

Wo kann man Fledermäuse beobachten?

Obwohl ich schon als kleiner Junge sehr naturbegeistert war und mit offenen Augen draußen herumgelaufen bin, muss ich zugeben, dass mir Fledermäuse damals kaum auffielen. Seit ich mehr über diese Nachttiere weiß, sehe und höre ich sie vielerorts. Viele Menschen, denen ich von meiner Arbeit erzähle, sagen mir, bei ihnen gebe es auch Fledermäuse. Welche Fledermausart?

Das wissen zumeist auch die Menschen nicht zu sagen, die über ein geschultes Naturbeobachterauge verfügen und mühelos all die Kleinvögel benennen können, die in ihrem Garten verkehren. Diese Berichte zeigen, dass es gar nicht so schwer ist, frei lebenden Fledermäusen zu begegnen. Sie zeigen aber auch, dass genauere Beobachtung oder gar Artbestimmung viel Übung und Erfahrung erfordern. In diesem Kapitel wollen wir einen Anfang machen und Sie nun mit hinausnehmen in die Nacht. Wir wollen Ihnen helfen, in Ihrer Umgebung Fledermäuse zu beobachten.
Da Fledermäuse in Europa Winterschlaf halten, sind die Monate November bis März zumindest in Deutschland nicht zur Fledermausbeobachtung geeignet. Fledermäuse fliegen durch die Nacht, um Insektenbeute zu finden. Daher sind warme, gute Insektennächte auch oft gute Fledermausnächte mit hohen Beobachtungschancen. Umgekehrt lohnen sich stürmische, verregnete Nächte weniger für die Fledermäuse und deshalb auch weniger für den Fledermausfreund, der die Flattertiere fliegen und jagen sehen will.

Laternen am Siedlungsrand ziehen viele Insekten an und sind deshalb bevorzugte Jagdplätze verschiedener Fledermausarten.

Eine laue Sommernacht ist also ideal und so gesehen ist Fledermausbeobachtung dann am lohnendsten, wenn der Aufenthalt in der Natur ohnehin am meisten Spaß macht. Das heißt aber nicht, dass bei »Hundewetter« gar keine Fledermäuse mehr fliegen, und wer an solchem Wetter gefallen findet, kann sich staunend davon überzeugen.

Ein dicker Käfer unter der Laterne wäre dieser Breitflügelfledermaus ein willkommenes Mahl ...

Umsicht ist gefragt!

An dieser Stelle möchte ich kurz und klar feststellen: Alle Fledermausarten sind in Deutschland bedroht und daher ist es gemäß Bundesnaturschutzgesetz verboten, sie in irgendeiner Weise unbegründet zu beeinträchtigen. Wer mit Fledermäusen umgeht, sie an ihren Ruheplätzen aufsucht oder gar fängt, braucht eine Ausnahmegenehmigung der zuständigen Höheren Naturschutzbehörde. Um diese zu erlangen, bedarf es einer wissenschaftlichen Begründung und der Relevanz des Vorhabens für den Fledermausschutz. Wenn wir bei unseren Beobachtungen Fledermäuse stören und beeinträchtigen, ist das gesetzwidrig und strafbar. Für viele Menschen wird es allerdings eine Selbstverständlichkeit sein, Naturbeobachtung um- und vorsichtig anzugehen.

Die Ge- und Verbote des Bundesnaturschutzgesetzes sind ja auch nichts weiter als die verbindliche und ausgeführte Kodifizierung der demokratischen Mehrheitsmeinung, dass unsere Mitwelt erhalten und geschützt werden muss. Ich kann also hoffentlich aufhören, die Gesetzeskeule zu schwingen, und meine Worte im Folgenden darauf verwenden, eine für uns Menschen spannende und gleichzeitig für die Fledermäuse störungsfreie Nachtpirsch vorzuschlagen.

Wasserfledermäuse – ein guter Einstieg

Wo beginnt man am besten die erste Fledermauspirsch? Eine gute Einstiegsmöglichkeit bietet die Beobachtung von Wasserfledermäusen, die Sie schon aus dem ersten Kapitel kennen. Wasserfledermäuse jagen, wie ihr Name andeutet, häufig über Wasserflächen. Und zwar bevorzugen sie glatte, nicht zu kleine Wasserflächen, also z.B. ruhig fließende Flüsse oder Seen mit geringer Wasserpflanzenbedeckung. Im Vergleich zu vielen anderen Fledermausarten sind Wasserfledermäuse relativ häufig und daher auch an recht vielen als Jagdhabitat geeigneten Gewässern tatsächlich anzutreffen. Zudem ist das Blickfeld des Beobachters über einem See oder Fluss wesentlich weiter als z.B. in einem Wald. Insgesamt also eine günstige Situation für »Fledermausanfänger«. Von Spaziergängen her kennen Sie bestimmt solche Seen oder Flüsse, am besten ein bisschen »naturnah«, von Waldrand oder ein paar Bäumen gesäumt. Taschenlampe, warme Kleidung und Geduld sind das Minimalpaket, das man für die nächtliche Fledermausbeobachtung schnüren sollte. Damit gerüstet, suchen Sie »Ihr« Gewässer auf und setzen sich an einen Platz am Ufer, von dem aus Sie möglichst eine weite Wasserfläche überblicken können. Es empfiehlt sich, spätestens eine halbe Stunde vor Dämmerungsbeginn vor Ort zu sein. Genießen Sie die Abendstimmung und gewöhnen Sie Ihre Augen an das schwächer werdende Licht.

Wenn Sie Glück haben, werden in der frühen Dämmerung die ersten Wasserfledermäuse auftauchen, und Sie können die Tiere noch ohne Zuhilfenahme der Taschenlampe beobachten. Die Fledermäuse kommen von ihren manchmal mehrere Kilometer entfernt liegenden Tagesquartieren zu ihrem Jagdgebiet. Etwa so groß wie ein Buchfink (Spannweite!), fliegen sie über die Wasseroberfläche dahin; häufig in 10–30 cm Höhe, manchmal aber auch bis zu 2 m aufsteigend. Man sollte sich Zeit nehmen, um sich in diese neue Fledermauswelt einzusehen. Falls mehrere Tiere jagen, empfiehlt es sich, zunächst eine Fledermaus zu wählen und ihr mit den Augen zu folgen. Viele Tiere auf einmal zu beobachten ist verwirrend und wenig befriedigend. Deshalb ist es auch in der Verhaltensforschung eine bewährte Methode, ein einzelnes Individuum für eine bestimmte Zeit »ins Visier zu nehmen«, d.h. zu fokussieren. Dieses gezielt beobachtete Tier wird daher »Fokustier« genannt. Es ist kein ganz leichtes Unterfangen, eine »Fokusfledermaus« bei Dämmerlicht und durchschnittlichen Jagdfluggeschwindigkeiten von 16–23 km/h im Auge zu behalten. Aber die Mühe lohnt sich. Was zunächst als schnelles Dahinhuschen erscheint, nimmt mit zunehmender Beobachtungszeit Formen an. Man bekommt eine Vorstellung davon, wie groß der Gewässerabschnitt ist, den die ausgewählte Fledermaus momentan bejagt. Fliegt das Tier wild hin und her oder folgt es eher stereotypen Bahnen? Wo liegt die momentan bevorzugte Flughöhe? Macht die Fledermaus Pausen oder jagt sie kontinuierlich? Eigene Beobachtungen geben die Antwort. Und die Antworten werfen neue Fragen auf; das macht Naturbeobachtung ja so spannend.

Bereits in diesem ersten Stadium sind unsere Fledermausbeobachtungen etwas Besonderes. Wir

In der späten Dämmerung stellen sich an Seen mit genügend offener Wasserfläche die Wasserfledermäuse zur Insektenjagd ein.

können frei lebende, wilde Säugetiere in Europa bei natürlicher und ungestörter Nahrungssuche beobachten. Mit den meisten anderen Säugetierarten ist das kaum möglich. Sieht man einmal einen Fuchs vor der Kühlerhaube über die Straße huschen oder ein paar Rehe beim Sonntagsspaziergang durch das Unterholz davonbrechen, so ist deren Verhalten stark von unserer Anwesenheit beeinflusst und gesteuert: Die Tiere sind auf der Flucht vor uns. Erst wenn wir verschwunden sind und sie sich überzeugt haben, dass keine Gefahr mehr droht, werden sie wieder der Nahrungssuche oder dem Sozialverhalten nachgehen. Ähnliches gilt für eine Spitzmaus, die wir bei der Gartenarbeit erschrecken, oder für einen Feldhasen, der sich in die Sasse drückt, bis wir vorübergegangen sind – meist ohne ihn zu bemerken. Wollen wir diese Säugetiere bei ungestörtem Verhalten beobachten, müssen wir uns viel Mühe geben, unsere Anwesenheit zu verbergen. Jäger und Förster harren lange und lautlos auf Hochsitzen aus, um an ihr Jagdwild zu kommen. Verhaltensforscher gewöhnen Wildtiere in jahrelanger Arbeit an ihre Anwesenheit, um Einblick in deren natürliches Verhalten zu gewinnen, wie wir es aus spannenden und spektakulären Forschungsberichten kennen.

Fledermäuse sind im Vergleich also ausgesprochen gut zu beobachten. Wenn man Lärm, grelles Licht und schnelle Bewegungen vermeidet und ruhig sitzt oder dasteht, stört man jagende Fledermäuse in der Regel nicht. Man kann sich sogar ab und an einen leisen Satz zuflüstern, ohne die Tiere zu vertreiben. Danken wir den Fledermäusen die Freude, sie bei der Insektenjagd beobachten und bestaunen zu dürfen, damit, dass wir sie dort strikt in Ruhe lassen, wo sie besonders störungsanfällig sind: nämlich in und bei ihren Quartieren. Warum auch noch so gut gemeinte Belästigungen der Fledermäuse sowohl in ihren Sommer- als auch in ihren Winterbehausungen verheerend sein können, werde ich in den entsprechenden Kapiteln noch näher ausführen. An dieser Stelle soll daraus nur abgeleitet werden, dass unsere Freilandbeobachtungen auf die Jagdgebiete der Fledermäuse beschränkt bleiben sollten. Dort ist ohnehin am meisten zu sehen und zu hören. Damit wenden wir den Blick zurück auf unsere jagenden Wasserfledermäuse.

Vorsichtiger Taschenlampeneinsatz

Inzwischen mag es dunkel geworden sein. Wir müssen die Taschenlampe einschalten, um die Fledermäuse noch sehen zu können. Wenn man aus den Beobachtungen bei Dämmerlicht schon weiß, wo die Tiere häufig fliegen, fällt es nun leichter, den Taschenlampenstrahl gezielt einzusetzen. Und damit sind wir an einem Streitpunkt unter Fledermausschützern angelangt, den man in wahrsten Sinne das Wortes ein bisschen beleuchten muss. Es geht um das Anleuchten von Fledermäusen mit Taschenlampen. Einerseits ist es natürlich eine enorme Erleichterung für den interessierten Beobachter. Andererseits steht zu fürchten, dass das Licht die Tiere doch stört oder gar vertreibt. Deshalb wird der Einsatz von Taschenlampen zur nächtlichen Beobachtung von einigen Fledermausschützern gänzlich abgelehnt. Es steht außer Frage, dass eine echte Beeinträchtigung der Fledermäuse nicht akzeptabel und außerdem, wie oben schon ausgeführt, verboten ist. Daher gilt es zu beurteilen, ob Taschenlampenlicht die Fledermäuse wirklich stört. Zunächst ist klar, dass die Fledermäuse das Licht wahrnehmen können. Sie haben Augen und sind nicht blind. Es ist sogar wahrscheinlich, dass eine direkt angeleuchtete Fledermaus vom Taschenlampenstrahl (vorübergehend!) geblendet wird. Ähnlich wie es uns auch geht, wenn der Mitbeobachter die Lampe nicht aufs Wasser, sondern auf uns selbst richtet. Im Gegensatz zu uns ist eine geblendete Fledermaus aber keineswegs orientierungslos. Da sie Umwelt und Beute hauptsächlich per Echoortung wahrnimmt, ändert sich auf ihrem wichtigsten Sinneskanal durch das Anleuchten nichts. Für die Fledermaus ist das Hören zur Umweltwahrnehmung am wichtigsten; für uns ist es das Sehen. In einem etwas konstruierten Vergleich könnte man sagen, das Anleuchten einer jagenden Fledermaus ist, als ob man einem Menschen beim Einkaufsbummel lautes Rauschen oder laute Musik vorspielt. Er kann dann zwar vorübergehend schlechter hören, aber seinen Weg und seine Einkäufe sieht er nach wie vor problemlos. Anleuchten hindert eine Fledermaus also nicht an ihrem Beutejagdgeschäft.

Trotzdem könnte es sie stören. Schließlich sind Fledermäuse Nachttiere, die ihrer Natur nach im Dunkeln jagen. Daraus lässt sich die Frage ableiten, ob Helligkeit für solch ein Nachttier einfach »widernatürlich« und deshalb unangenehm ist. Diese Frage ist nicht aus dem menschlichen Gefühl heraus zu beantworten, das uns allzu häufig trügt, wenn es um tierische Mitgeschöpfe geht. Fragen wir also die Fledermäuse selbst. Natürlich müssen wir die Frage so stellen, dass wir von den Fledermäusen auch eine Antwort erwarten können. Dazu treffen wir die Annahme, dass eine Fledermaus, die trotz Anleuchten weiter in dem angeleuchteten Gebiet verbleibt und jagt, nicht unverantwortbar stark gestört sein kann. Von einem Tier, das nach dem Anleuchten das Jagdgebiet verlässt, nehmen wir vorsichtshalber an, dass das Anleuchten störend war. Wir messen also die Reaktion der Fledermäuse auf das Taschenlampenlicht und schließen daraus

auf die Bedeutung des Lichtes für das jeweilige Tier.
Auf die Erfahrung anderer Fledermausfreunde und auf meine eigene bauend kann ich sagen, dass gerade jagende Wasserfledermäuse nach diesem Kriterium nicht von Taschenlampenlicht gestört werden, wenn man folgende Richtlinien beachtet: Der Taschenlampeneinsatz sollte nicht länger als eine halbe Stunde am Stück erfolgen. Man sollte den Strahl nicht kreuz und quer über das Gewässer tanzen lassen und versuchen, die Fledermaus überallhin zu verfolgen. Es ist besser, den Lichtstrahl in geringer Höhe parallel über die Wasserfläche zu schicken und ruhig zu halten. So leuchtet man einen ganzen Gewässerabschnitt ab und hat gute Chancen, Fledermäuse zu sehen. Wesentlich bessere Chancen sogar, als wenn man den Lichtstrahl schräg auf die Wasserfläche treffen lässt und wild auf dem Gewässer herumsucht. Bei letzterer Methode leuchtet man nämlich immer nur einen kleinen, ovalen Oberflächenbereich ab, verbreitet aber gleichzeitig viel leuchtende Unruhe. Bei der Methode des ruhigen, oberflächenparallelen Beleuchtens eines Gewässerquerschnittes fliegen immer wieder Fledermäuse durch das Lichtbündel und werden sichtbar. Die Tiere haben aber die Möglichkeit, Anleuchtung zu vermeiden, wenn sie das wollen.

Wenn die Taschenlampe nicht zu stark ist und nicht zu lange Zeit am Stück eingesetzt wird, stört sie die Fledermäuse kaum.

Es sollten handelsübliche, batteriebetriebene Taschenlampen eingesetzt werden. Starke Strahler vertreiben die Fledermäuse leichter und sind den obigen Überlegungen gemäß als Störungsquelle anzusehen. Aus diesen Schilderungen sollte natürlich für jeden Fledermausinteressierten folgen, dass das Anleuchten von Tieren sofort eingestellt wird, wenn man den Eindruck gewinnt, dass die Fledermäuse sich durch die Anleuchtung vertreiben lassen. Im Jagdgebiet der Fledermäuse kann man es wagen, sie kurzzeitig anzuleuchten. In der Nähe ihrer Quartiere muss das jedoch unterbleiben. Dort scheinen sie, wie bereits angedeutet, störungsempfindlicher zu sein.

Jagdverhalten in »freier Wildbahn«

Ich habe bereits mehrfach Begeisterung dafür bekundet, dass man bei Fledermäusen erfreulich einfach das Jagdverhalten beobachten kann. Was ist denn nun bei unseren Wasserfledermäusen konkret davon zu sehen? Wenn man Wasserfledermäuse über einem Gewässer patrouillieren sieht, darf man sich über das Hauptanliegen der Tiere sicher sein: Sie wollen fressen. Dazu suchen sie per Echoortung die Wasseroberfläche ab und wenn sie ein Beuteinsekt gefunden haben, schlagen sie zu. Bei hoher Beutedichte mehrmals pro Minute. Dabei fangen sie fliegende Insekten genauso wie auf der

Oberfläche treibende. Den Hauptteil ihrer Beute machen Zuckmücken und Köcherfliegen aus. Das Hauptproblem bei der Beobachtung ist, dass alles unglaublich schnell vonstatten geht. Beute entdecken, fangen und davontragen – all das ereignet sich in weniger als 1 Sekunde!

Dennoch, wenn man genau hinschaut, lassen sich erstaunlich viele Details erfassen. Man sieht, wie die Fledermäuse aus ihrer geringen Flughöhe noch weiter herabsinken, die Geschwindigkeit verlangsamen, den Körper aufrichten, oft die Wasseroberfläche mit den Füßen oder der Schwanzflughaut berühren und dann den Kopf zu den Füßen einkugeln, um die Beute mit dem Maul zu übernehmen. Mit Übung und Glück kann man so eine Fangszene im Freiland wirklich sehen. So detailscharf und blitzschnell wie eine Kamera ist unser Auge leider nicht; da hilft auch Übung wenig. Deshalb zeigen wir die Fangszene einer Wasserfledermaus in der Fotoserie auf dieser Doppelseite: Im Suchflug hält das Tier seinen Körper parallel zur Wasseroberfläche. Ungefähr 10 cm vor der treibenden Beute richtet es sich auf und fährt gewissermaßen die Füße zum Fang aus. Bei großer Beute wie hier greift die Wasserfledermaus mit den krallenbewehrten Füßen zu. Dann das Einkugeln, um die Beute mit

dem Maul zu ergreifen, und gefressen wird im Weiterflug ... Um solch eine Szene im Freiland gut zu sehen, braucht man wie gesagt Geduld und Glück. Allerdings kann man seinem Glück etwas nachhelfen und versuchen, eine Wasserfledermaus dazu zu verlocken, in guter Sichtdistanz zu fangen. Hierfür muss man ihr Beute bieten: Insekten oder Spinnen, die man am Gewässerrand finden kann. Eine Wasserfledermaus kann Beute nur entdecken, wenn sie ihre Ortungsrufe in deren Richtung sendet. Außerdem muss sie in höchstens 3 m Entfernung an der dargebotenen Beute vorbeifliegen, sonst wird sie sie ebenfalls nicht wahrnehmen. Daraus folgt, dass die Beute auf dem Gewässer treiben muss, dort, wo die Fledermaus ohnehin vorbeikommt.

Ein Fütterungsversuch hat also nur Erfolgsaussichten, wenn man sich durch stille Beobachtung schon mit dem Verhalten der Tiere an der jeweiligen Örtlichkeit vertraut gemacht hat. Man sollte nur einzelne Beuteobjekte anbieten und keinesfalls den See mit Insekten »überschwemmen«. Erstens verwirrt zu viel treibende Beute das Echobild der Fledermaus. Zweitens wäre es auch schade um die vielen Insekten,

Die Wasserfledermaus kommt, entdeckt den treibenden Falter, bremst ab, ...
... packt mit den Füßen zu ...
... und greift dann mit dem Maul die Beute von den Füßen und/oder aus der Schwanzflughaut.

die dann nicht einmal der Fledermaus zugute kommen, sondern lediglich nutzlos ertrinken. Wenn man diese Hinweise beherzigt, kann es durchaus gelingen, eine Fledermaus dazu zu bewegen, die lohnende Futterstelle regelmäßig abzusuchen und einem mit anmutigen und rasanten Fangmanövern das Zubrot zu danken.

Hat man das Fangverhalten gesehen, lohnt es sich, wieder den stillen Beobachterposten einzunehmen. Manches mag man bereits am ersten oder zweiten Fledermausabend erfahren und sehen. Doch wenn man einmal mit einem Beobachtungsplatz vertraut wird, tauchen viele neue Fragen auf, zu deren Beantwortung mehr Zeit vonnöten ist. Ein Wasserfledermausbeobachter am Teich kann sich z.B. fragen, wie viele Tiere gleichzeitig auf »seinem« Teich jagen. Fliegen die Fledermäuse zusammen oder hat jede ihr Revier? Wird die ganze Nacht über gejagt? Wie sehr beeinflusst die Wetterlage die Jagdaktivität der Tiere? Meiden die Fledermäuse das helle Mondlicht? Wenn Sie Freude an und in der Natur haben, werden Ihre ersten Fledermausnächte Sie sicherlich neugierig machen, weitere Einblicke zu gewinnen.

Unter der Laterne ...

Eine weitere gute Möglichkeit für Fledermausbegegnungen bieten Straßenlampen in Ortsrandlage. Die Lampen ziehen Insekten an und diese wiederum hungrige Fledermäuse. Besonders häufig sind es Zwergfledermäuse (knapp blaumeisengroß) und Breitflügelfledermäuse (Spannweite knapp drosselgroß),

die an solchen Straßenlampen auf Beutefang gehen. Manchmal jagen die Fledermäuse über der Straßenlampe und sind dann schlecht zu sehen, weil der Beobachter von der Lampe geblendet ist. Hat man aber das Glück, dass die Fledermaus auf oder unter Lampenhöhe fliegt, so lässt sie sich gut und bestens beleuchtet bei ihren Beutezügen beobachten. Ein zusätzliches Anleuchten mit der Taschenlampe ist dann auch gar nicht nötig.
Manche Tiere umfliegen für geraume Zeit eine einzelne Lampe. Andere patrouillieren eine ganze Reihe von Lampen entlang und kommen in erstaunlich gleichmäßigen Zeitintervallen immer wieder an jeder einzelnen davon vorbei. Hat man einmal eine von Fledermäusen besuchte Straßenlampe gefunden, lohnt es sich also, dort zu warten, ob bzw. bis die nächtlichen Insektenjäger wieder auftauchen.
Wenn man Zwergfledermäuse an so einer Laterne beim Beutefang beobachten kann, wird man feststellen, dass dieser etwas anders abläuft als bei Wasserfledermäusen, die treibende Insekten von der Wasseroberfläche aufnehmen. Die Zwergfledermäuse ergreifen die Beute nicht mit den Füßen, sondern keschern sie mit der Schwanzflughaut aus der Luft. Dann greifen sie sie ebenfalls mit dem Maul, um sie im Fluge zu verzehren. Fragt sich, warum sie die Insekten nicht gleich mit dem Maul aus der Luft fangen. Die Antwort ist einfach: Die Schwanzflughaut verspricht eine höhere Trefferquote. Wenn man sich auf dem Foto gegenüber ansieht, um wie viel das Maul einer Fledermaus kleiner ist als ihre aufgespannte Schwanzflughaut, wird klar, dass sie mit dem Maul viel präziser zuschnappen müsste, um die Beute zu erwischen. Die Schwanzflughaut ist größer und so genügt eine etwas niedrigere Anflugspräzision. Ob das Insekt links oder rechts in die Schwanzflughaut klatscht, ist egal. Gefangen ist gefangen. Um diesen Keschereffekt zu nützen, tragen die Fänger beim Baseball ja auch große Handschuhe. Die Schwanzflughaut der Zwergfledermaus misst allerdings allenfalls 3 x 3 cm. Immer noch eine erstaunliche Präzisionsleistung, im dreidimensionalen Raum ein fliegendes Insekt so genau zu treffen. Falls Sie eines Abends an einer Straßenlaterne stehen, an der zwar Insekten, aber keine Fledermäuse fliegen, können Sie ja versuchen, ein Insekt mit einem ähnlich kleinen Kescher zu fangen. Die Schublade aus einer Streichholzschachtel bietet sich beispielsweise an.
Die meisten europäischen Fledermausarten fangen Beute mit ihrer Schwanzflughaut. Das gilt übrigens auch für die Wasserfledermaus, wenn sie Insekten direkt aus der Luft und nicht von der Wasseroberfläche fängt.

Wer jagt wo? Spezialisten in der Nacht

Mit Gewässerflächen und Lampen in Ortsrandlage haben wir zwei Lebensraumtypen kennen gelernt, die gut für erste Fledermausbegegnungen geeignet sind. Wie komme ich aber dazu, so viel Wagemut aufzubringen und dem Leser die tief über das Gewässer jagenden Fledermäuse als Wasserfledermäuse zu verkaufen und die Straßenlampenjäger als Zwerg- oder Breitflügelfledermäuse darzustellen, ohne selbst im Feld dabei zu sein? Um es ganz klar zu sagen: Es handelt sich natürlich nur um eine grobe Schätzung, aber eben doch um eine wahrscheinliche. Und das liegt daran, dass viele Fledermausarten auf einen bestimmten Lebensraum spezialisiert sind. Wasserfledermäuse z. B. verbringen mehr als 90 % ihrer Jagdzeit tatsächlich über Gewässern. Abendsegler bevorzugen den freien Luftraum. Zwergfledermäuse jagen häufig an Waldkanten und Ortsrändern. Bechsteinfledermäuse haben ihre Jagdgebiete fast ausschließlich im Wald. Und Kleine Mausohren bevorzugen Wiesen und Steppen zur Beutesuche.

Die Schwanzflughaut, die sich zwischen den Beinen spannt, hilft der Mückenfledermaus und vielen anderen Fledermausarten wie ein Kescher beim Fang von Insekten aus der Luft.

Die verschiedenen Arten sind durch eine Vielzahl von Merkmalen an ihr jeweiliges Jagdhabitat und dessen Beuteangebot angepasst. Das können äußerlich sichtbare Merkmale des Körperbaus wie Flügelform, Ohrgröße oder Fußgröße sein. Es kann sich um weniger augenfällige Besonderheiten handeln, etwa Zahnausprägungen oder Größe und Stabilität von Kieferknochen. Schließlich ist auch an zunächst gänzlich unsichtbare Merkmale zu denken wie die Struktur der Echoortungslaute, die die einzelnen Fledermausarten erzeugen.

Wir wollen uns zunächst mit den äußerlich sichtbaren Gestaltmerkmalen beschäftigen. Man ahnt nach der ersten kurzen Ausführung bereits: Fledermaus ist nicht gleich Fledermaus. Weltweit gibt es etwa 800 Fledermausarten und dazu nochmals knapp 200 Flughundarten. Damit sind die Fledertiere die zweitartenreichste Säugetierordnung. Nur die Nagetiere übertreffen sie noch an Artenreichtum. In Europa kommen immerhin gut 30 Fledermausarten vor, wovon wir in diesem Buch die 24 wichtigsten vorstellen wollen. Wenn man schon einmal durch den Artenteil weiter hinten blättert, bekommt man einen Eindruck von der Verschiedengestaltigkeit oder, wie die Biologen sagen, der Diversität der Fledermausarten unseres Kontinents.

Hier stellen wir zwei Arten vor, denen ihre Habitatspezialisierung gut anzusehen ist: auf der nächsten Doppelseite den Abendsegler, rechts die Bechsteinfledermaus. Der Abendsegler ist ein schneller Jäger des freien Luftraumes. Seine Flügel sind verhältnismäßig lang und schmal. Das ermöglicht ihm aus aerodynamischen Gründen einen besonders schnellen Flugstil.

Die Bechsteinfledermaus jagt im Wald, um Stämme herum und durch Baumkronen hindurch. Sie hat kurze, breite Flügel. Pro Gramm Körpergewicht hat sie mehr Flügelfläche zur Verfügung als der Abendsegler; d. h. sie hat eine geringere so genannte Flügelflächenbelastung. Das ermöglicht ihr einen langsamen, manövrierfähigen Flug und sogar einen kurzen, kolibriartigen Schwirrflug auf der Stelle; so wie es für die Nutzung ihres reich strukturierten Waldhabitates passt.

Die aerodynamischen Gesetzmäßigkeiten, die bestimmte Flügelformen für bestimmte Habitattypen günstig und geeignet machen, sind natürlich allgemein gültig. Das lässt sich mit einem schnellen Blick in die

Vogelwelt veranschaulichen. Mauersegler, die wie der Abendsegler hoch am Himmel Insekten jagen, nur eben am Tage, haben ebenfalls lange, schmale Flügel. Das Rotkehlchen hingegen, das wie die Bechsteinfledermaus im strukturreichen Wald nach Beute sucht, hat ähnlich kurze, breite Flügel mit relativ geringer Flügelflächenbelastung. Auch der Mensch beachtet natürlich diese Gesetzmäßigkeiten, wenn er sich Flugdrachen und Flugzeuge konstruiert.
Die Ohren des Abendseglers sind relativ klein, fest und windschnittig an den Kopf gelegt. Es besteht keine Gefahr, dass sie zu flattern beginnen, wenn der Abendsegler mit bis zu 50 km/h durch die Nachtluft schießt. Die Bechsteinfledermaus zeigt große, labilere Ohren. Bei ihren weniger rasanten Flugmanövern im Waldesinneren gereichen sie ihr wahrscheinlich nicht zum Nachteil. Von Vorteil sind sie, wenn es gilt, auf Krabbel- und Flattergeräusche zu lauschen, die ein leckeres Insektenmahl verheißen.
Die Betrachtung des Körperbaus einer Fledermaus kann also schon erste Hinweise auf ihr Jagdhabitat geben. Mit dem Zusammenspiel von Gestalt (griechisch »Morphe«) und Habitat beschäftigt sich die Disziplin der Ökomorphologie. Um genauere Aussagen zu treffen, sind aber immer Feldbeobachtungen und Verhaltensstudien erforderlich. Schon manches Mal nämlich haben Wissenschaftler sich gewundert, was Fledermäuse alles tun können, das man von ihrer Morphologie her so gar nicht erwartet hätte.
Natürlich verbietet weder seine Gestalt noch sonst etwas einem Abendsegler, einmal durch den Wald zu fliegen, oder einer Bechsteinfledermaus, an den Teich der Wasserfledermaus zum Trinken zu kommen. Ein bestimmter Habitattypus ist also keine Garantie dafür, dort ausschließlich die dafür typischen Fledermausarten anzutreffen. Ökomorphologie und Habitatbevorzugung geben aber doch an, wo eine bestimmte Art am häufigsten jagt. Wahrscheinlich, weil sie aufgrund ihrer speziellen Merkmale in diesem Habitattypus am effektivsten Beute findet. Die Zeichnung auf Seite 26 zeigt, wo welche Art typischerweise ihre Jagdgebiete hat.

Wie kann man Fledermäuse im Freiland bestimmen?

Beobachtet man Fledermäuse in einem bestimmten Habitat, darf man mit einer gewissen Wahrscheinlichkeit die an dieses Habitat besonders angepassten

Abendsegler sind schnelle Jäger des freien Luftraums und haben lange, schlanke Flügel.

Arten dort erwarten. Das reicht für eine wirkliche Artbestimmung natürlich nicht aus. Es ist im Allgemeinen schwer, fliegende Fledermäuse im Freiland sicher zu bestimmen. Häufig zeugt es von größerem Realitätssinn zu sagen, es könne sich um eine von zwei oder drei Arten gehandelt haben, als sich ganz sicher auf eine Art festzulegen. Voreilige Fledermausfachleute, die sich bei Feldbestimmungen immer 100%ig sicher sind, sind mir oft etwas suspekt. Die besten Feldbiologen, die ich kenne, können die Grenzen des Machbaren einschätzen und sagen, wenn sie unsicher sind. Wenn selbst langjährig geschulte Fachleute manchmal Schwierigkeiten haben, dann darf und soll ein »Fledermausanfänger« natürlich langsam an die Sache herangehen.

Bechsteinfledermäuse fliegen mit ihren kurzen, breiten Flügeln langsam und geschickt im Waldesinneren und in Baumkronen umher.

Die beste Feldbestimmung stützt sich auf mehrere Hinweise, die zusammen eine gute Grundlage für das Ansprechen der Art bieten. Ein erster Hinweis kann die schon besprochene, vorsichtig zu bewertende Habitatspezialisierung sein. Zusammen mit Verbreitungsdaten, die angeben, welche Arten überhaupt in einem Gebiet vorkommen, gibt sie eine Gruppe in Frage kommender Fledermausarten vor.

Ein zweiter wichtiger Hinweis ist die Größe des Tieres. Ein Vergleich von Großem Mausohr und eine Zwergfledermaus zeigt die Größenspanne, die heimische Fledermausarten ausfüllen. Natürlich wirkt eine fliegende Fledermaus mit ausgebreiteten Flügeln erheblich größer als ein sitzendes Tier, wie auf dem Bild auf Seite 27 zu sehen ist. Der Unterschied zwischen Mausohr und Zwergfledermaus tritt im Flug noch eindrucksvoller zu Tage. Menschen, die nur fliegende Fledermäuse gesehen haben und dann einmal einem sitzenden oder hängenden Tier begegnen, sind oft erstaunt, wie klein deren Körper dann wirkt. Manche sind sogar der Meinung, sie müssten es mit einem Jungtier zu tun haben.

Im Artenteil geben wir Größenklassen für Spannweite und Körperlänge der heimischen Fledermäuse an. Außerdem nennen wir ab und zu einen bekannten Vogel mit ähnlicher Spannweite. Das kann die Größenabschätzung für fliegende Tiere im Freiland erleichtern. Generell neigt man dazu, in nächtlicher Umgebung kurz im Taschenlampenstrahl sichtbare Fledermäuse in der Größe etwas zu überschätzen.

Ein dritter Hinweis für die Feldbestimmung ist manchmal aus auffälligen, auch im schnellen Vorbeiflug sichtbaren Merkmalen erhältlich. Beispiele sind die sehr

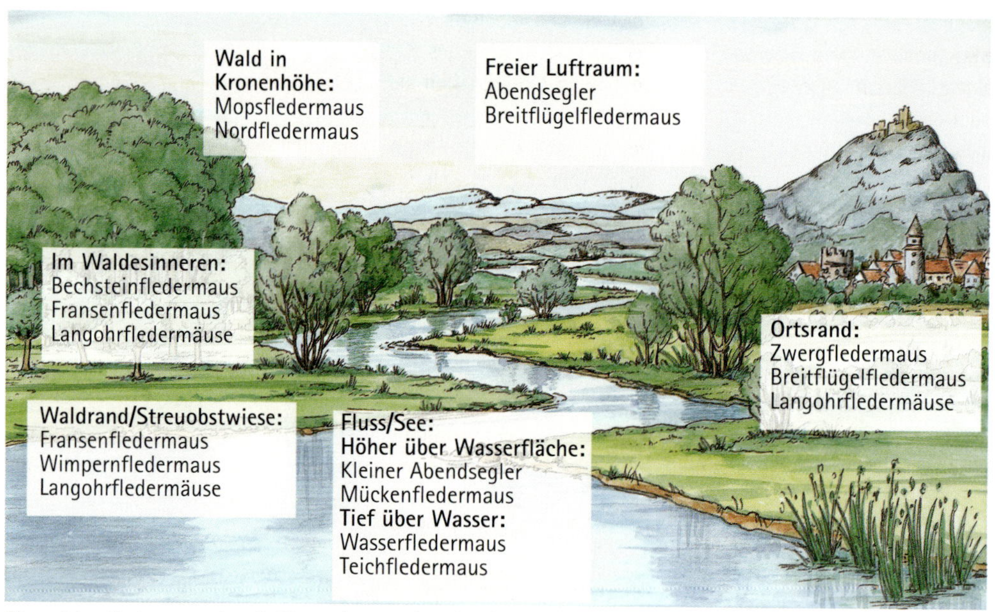

Die meisten Fledermausarten sind besonders an einen bestimmten Lebensraumtypus angepasst.

großen Ohren von Bechsteinfledermäusen und Langohrfledermäusen. Ein auffallend heller Bauch ist, die Bartfledermäuse ausgenommen, typisch für die ganze Gattung der Mausohren (*Myotis;* dazu gehört auch das Große Mausohr, *Myotis myotis*), schließt aber andere Arten nicht aus. Ein schwarzer Bauch kennzeichnet die Mopsfledermaus. Weitere auffällige Feldbestimmungsmerkmale finden sich im Artenteil des Buches.

Viertens ist der Flugstil ein guter Hinweis. Ein langsam schwirrfliegendes Tier könnte eine Bechstein-, eine Fransen-, eine Wimper- oder eine Langohrfledermaus sein. Kann man bei so einem Tier einen guten Blick auf die Ohren erhaschen, lassen sich (Hinweis drei), die extrem langohrigen Arten von den etwas kurzohrigeren (Fransen- und Wimperfledermaus) trennen. Ein sehr schneller Flieger könnte ein Abendsegler sein. Ein wendiges Tier, das auf etwas zackigen Bahnen fliegt und dann plötzlich einem Insekt hinterher nach unten stürzt, deutet auf eine Zwergfledermaus hin. Auch hier hilft wieder die Kombination mehrerer Hinweise. Der wendige Flieger kann natürlich nur eine Zwergfledermaus sein, wenn er ungefähr Blaumeisengröße hat. Der schnelle Flieger muss drosselgroß sein, um als Abendsegler gelten zu können. Das Jagdhabitat freier Luftraum wäre hier typisch, und große Ohren dürften nicht zu sehen sein, um die Hypothese aufrechtzuerhalten, dass es sich um einen Abendsegler handeln könnte.

Ein weiterer wichtiger Hinweis ergibt sich aus den Echoortungslauten, die eine Fledermaus ausstößt. Diese Ortungslaute sind für uns Menschen nicht hörbar, weil sie Schallfrequenzen nutzen, die oberhalb unseres Hörbereiches liegen. Diesen Frequenzbereich bezeichnet man als Ultraschall. Für die Fledermäuse ist Ultraschall aber natürlich nichts Besonderes, sondern ganz normal hörbarer Schall. Menschen können Ultraschall hörbar machen. Kleine, handliche Maschinen, die das ermöglichen, sind als Fledermausdetektor, oder englisch »Bat Detector«, inzwischen handelsüblich. Ihre Funktionsweise wird im Kasten auf Seite 44/45 erklärt.

Sind Ortungsrufe arttypisch?

Mit Bat-Detektoren kann man auf sehr spannende Weise in die akustische Welt der Fledermäuse eintauchen. Selbst in stockdunkler Nacht verrät das Knattern aus dem Detektor die Anwesenheit einer Fledermaus, die den ohne Licht orientierungslosen menschlichen Beobachter mittels Echoortung mühelos umfliegt. Detektoren können, wie ihr Name andeutet, eine enorme Hilfe sein, wenn es darum geht Fledermäuse aufzuspüren. Verraten sie uns aber auch, mit welcher Fledermausart wir es zu tun haben? Sind die Echoortungsrufe arttypisch?

Um diese Frage zu klären, ist es hilfreich, sich den biologischen Sinn der Ortungslaute zu überlegen. Viele Menschen, die mit Vogelkunde groß geworden sind, gewinnen Interesse an Fledermäusen. Von der Vogelbeobachtung sind sie gewohnt, dass jede Vogelart ihr eigenes Liedchen pfeift und daran mit einiger Übung sicher zu erkennen ist. Das stimmt. Das stimmt aber eben deswegen so gut, weil es der biologische Sinn des Vogelgesanges ist, mitzuteilen, welcher Art der Sänger angehört. Der Buchfink will allen Buchfinkenweibchen, aber eben nur diesen und nicht auch den Rotkehlchenweibchen, mitteilen, dass er der schönste Buchfink ist und ihrer harrt. Darum hat er ein spezifisches Buchfinkenlied.

Fledermäuse aber rufen, um ihre Umwelt wahrzunehmen und um Beute zu finden. Sie nutzen Schallwellen und haben es dabei, ähnlich wie bei der Flügelform, mit universellen physikalischen Gesetzen und Randbedingungen zu tun. Diese Randbedingungen gelten für alle Fledermäuse, gleich welcher Art sie sind. Deshalb gleichen sich die Ortungsrufe vieler Arten in bestimmten Situationen. Trotzdem ist ein wenig artspezifische Struktur in den Ortungsrufen zu erkennen. Um diese Unterschiede aber zu verstehen und im Feld zu nutzen, ist es nötig, sich ein wenig intensiver mit der Echoortung zu beschäftigen. Das soll im nächsten Kapitel geschehen.

Diese zwei Großen Mausohren zeigen, dass eine hängende oder sitzende Fledermaus viel kleiner wirkt als eine fliegende. Davon darf man sich bei nächtlichen Beobachtungsgängen nicht täuschen lassen.

Wie funktioniert die Echoortung?

Wie finden sich Fledermäuse bei stockdunkler Nacht zurecht? Diese Frage hat den italienischen Naturforscher Lazzaro Spallanzani schon vor über 200 Jahren fasziniert. Er holte sich Fledermäuse in sein Studierzimmer und ließ sie bei völliger Dunkelheit fliegen.

Von der Decke hängte Spallanzani dünne Drähte herab, an die er kleine Glocken befestigt hatte. Wann immer eine Fledermaus in der Finsternis gegen einen der Drähte fliegen würde, ließe sich ein Glöcklein vernehmen. Die Fledermäuse flogen, Spallanzani lauschte – aber es blieb still ... Auf für ihn völlig geheimnisvolle Weise schafften es die Fledermäuse, alle Hindernisse zu umfliegen.
Ganz anders als andere, gleichfalls beeindruckende Nachttiere: die Eulen. Auch sie waren zu Gast in Spallanzanis Laboratorium zu Pavia. Wenn der Forscher aber nicht wenigstens eine Kerze brennen ließ, wollten die Nachtgreifvögel gar nicht mehr fliegen. Ganz zu schweigen davon, aufgestellten Hindernissen auszuweichen.
Wie also machen das die Fledermäuse? Können sie im Dunkeln sehen? Spallanzani nahm in einem etwas rüden, aber eindrucksvollen Experiment einigen Fledermäusen die Sehfähigkeit und ließ sie erneut durch den Drahtparcours seiner Studierstube kreisen. Auch ohne Augen fanden sich die Tiere zurecht – kein Glöcklein läutete. Dann verschloss er den Fledermäusen vorübergehend die Ohren und bekam prompt selbst etwas zu hören: Die Glöckchen an den Drähten läuteten und zeigten an, dass die Fledermäuse ihnen nun nicht mehr ausweichen konnten. Gab Spallanzani den Tieren die Ohren wieder frei, erlangten sie ihre geheimnisvolle Orientierungsfähigkeit zurück. Daraus schloss er verwundert, dass die Fledermäuse offensichtlich ihre Ohren nutzen können, um sich in dunkler Nacht zu orientieren. Wie sie »mit den Ohren sehen«, blieb für den italienischen Altvater der Fledermausforschung jedoch bis zu seinem Tod im Jahre 1799 unerklärt.
Diesem Geheimnis kam man erst zwei Jahrhunderte später auf den Grund. Dafür aber gleich zweimal. Technische Neuerung machte mit der Entwicklung eines Ultraschallmikrofons Echoortungslaute von Fledermäusen erstmals hörbar. Damit entdeckte Donald Griffin 1938 in den USA, dass Fledermäuse keineswegs lautlos durch die Nacht fliegen, sondern ständig und sogar sehr laut rufen, nur eben unhörbar für den Menschen.
Völlig unhörbar für Menschenohren sind Fledermausrufe allerdings nicht. Die Laute einiger Arten reichen in so tiefe Frequenzbereiche herab, dass Menschen mit guten, ungeschädigten Ohren sie gerade noch wahrnehmen können. Solch ein Mensch war der niederländische Zoologe Sven Dijkgraaf. Er beschäftigte sich zufällig mit der richtigen Fledermausart und hörte, ohne von Griffins Arbeit zu wissen, dass die Tiere fortwährend Rufe abgaben. Experimentierfreudig wie Spallanzani verpasste Dijkgraaf den Fledermäusen Maulkörbe, die sie am Rufen hinderten. Und siehe da: Ihre Orientierungsfähigkeit war

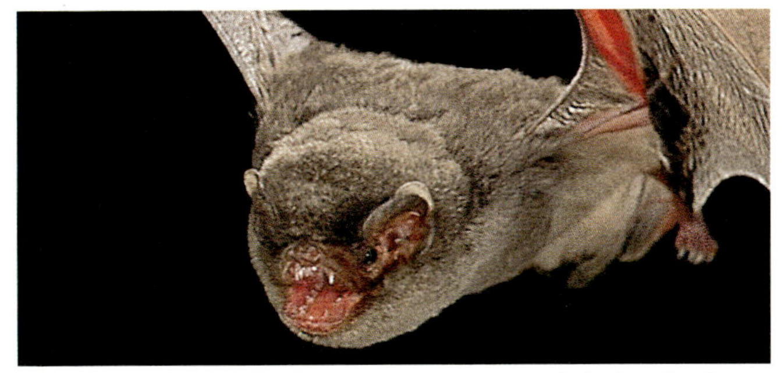

Ungefähr 5–10-mal pro Sekunde stößt diese südeuropäische Langflügelfledermaus bei der Beutesuche im offenen Luftraum Ortungslaute aus dem geöffneten Maul aus.

Der Nachtfalter erzeugt für uns sichtbare Wellen auf dem Wasser. Gleichzeitig wird er von den unsichtbaren Schallwellen der echoortenden Wasserfledermaus getroffen und reflektiert diese zurück zur Fledermaus: Am Echobild kann sie ihre Beute erkennen.

ähnlich gestört wie seinerzeit durch die Ohrenstopfen des Italieners.
Nun schloss sich der Kreis der wissenschaftlichen Schlussfolgerungen, und die Forscher hatten das Geheimnis enträtselt. Fledermäuse senden durch das Maul (oder die Nase) Rufe aus, empfangen mit den Ohren die Echos, die die Umgebung zurückwirft, und entnehmen daraus ein Bild dieser Umgebung. Natürlich begann mit dieser Erklärung erst recht das wissenschaftliche Rätselraten um die genauere Funktion der Echoortung. Inzwischen weiß man viel darüber, aber doch sind viele Fragen noch nicht geklärt. Wahrscheinlich sind etliche Fragen noch nicht einmal gestellt, denn wie oben schon einmal bemerkt, werfen neue Erkenntnisse meist neue Fragen auf.

Mit den Ohren sehen

Wie funktioniert es nun, mit den Ohren zu sehen? Zunächst will ich einige Grundlagen an einem einfachen Beispiel verdeutlichen. Gehen wir zurück in die Studierstube des Professore Spallanzani und borgen uns einen seiner Drähte, um die die Fledermäuse herumfliegen konnten. Damit es ein einfaches Beispiel wird, verlassen wir die mit Möbeln und Bücherstapeln angefüllte Studierstube, die eine Vielzahl von Echos werfen würde, und spannen den Draht auf einem freien Feld vom Boden zum Himmel. Da es sich um ein Gedankenexperiment handelt, verliere ich hier keine Zeit damit, zu beschreiben, wie man Drähte im Himmel verknotet ...
Wenn nun eine Fledermaus hoch über dieses Feld hinwegfliegt, woher weiß sie, dass da ein Draht ist? Das sagt ihr das Echo, das der Draht zurückwirft, wenn ein Ortungslaut der Fledermaus ihn trifft. Wäre da gar nichts in der Luft, käme auch kein Echo zurück. Insoweit kann es zum Verständnis hilfreich sein, sich vorzustellen, man flöge mit einer Taschenlampe durch die Nacht. Leuchtet man mit der Lampe in den Himmel hinaus, verliert sich das Licht in der Weite und nichts ist zu sehen. Das kann man in klarer Nachtluft leicht ausprobieren. Trifft der Lichtstrahl aber auf einen Gegenstand, z. B. unseren Draht, so reflektiert dieser Gegenstand Licht zurück zu uns, zu unseren Augen. Und dann können wir ihn sehen.
Die Fledermaus beleuchtet ihre Umwelt nun nicht mit Taschenlampenlicht, sondern mit Schall. Schall breitet sich ungefähr eine Million Mal langsamer aus als Licht, nämlich in Luft mit rund 340 m pro Sekunde. Das ist immer noch sehr schnell und ermöglicht der Fledermaus, diese konstante Schallgeschwindigkeit zur sehr präzisen Entfernungsmessung einzusetzen. Wenn unser Draht weit weg ist, muss sie relativ lange warten, bis sie sein Echo hört. Ihr Ruf hat einen weiten Weg hin zum Draht und wieder zurück zu ihren Ohren. Nehmen wir an, der Draht ist 34 m von der Fledermaus entfernt. Dann braucht ihr Ortungsruf 0,1 Sekunden, bis er den Draht erreicht und nochmals 0,1 Sekunden zurück zur Fledermaus. Eine Laufzeit von 0,2 Sekunden zeigt also ein schallreflektierendes Objekt in 34 m Entfernung an. Eine Laufzeit von 0,02 Sekunden oder 20 Millisekunden (abgekürzt ms) bedeutet entsprechend ein Objekt in 3,4 m Entfernung.
Welche Echoparameter geben der Fledermaus an, ob der Draht nun links oder rechts von ihr ist oder ob sie geradewegs darauf zu fliegt? Offensichtlich kann sie diese Information über den Horizontalwinkel eines Objektes dem Echo entnehmen, sonst wären Spallanzanis Tiere ja mit den Drähten kollidiert. Wenn der Draht links der Fledermaus aufgespannt ist, ist er ihrem linken Ohr ein ganz klein wenig näher als ihrem rechten. Deshalb kommt das Echo auch einen winzigen Sekundenbruchteil früher am linken Ohr an. Diesen Unterschied im Zeitpunkt des Eintreffens des Echos an den beiden Ohren können manche

Fledermäuse wohl nutzen.
Außerdem erzeugen Kopf und Körper der Fledermaus sozusagen einen »Schallschatten« an dem Ohr, das der Echoquelle abgewandt ist; in diesem Beispiel am rechten. Das Echo trifft am linken Ohr folglich etwas lauter ein als am rechten. Auch dieser Intensitätsunterschied wird im Gehirn der Fledermaus ausgewertet, um zu ermitteln, ob ein Objekt links oder rechts ist. Sind Echointensität und Zeitpunkt des Eintreffens des Echos an beiden Ohren exakt gleich, dann heißt das: Vorsicht, Objekt direkt in Vorausrichtung!
Bestimmte Eigenschaften der Ohrmuscheln, die den eintreffenden Schall richtungsabhängig verändern, erlauben es der Fledermaus weiterhin zu bestimmen, ob das Echo von oben oder von unten kommt.
Diese Entschlüsselung der im Echo kodierten Richtung eines Objektes mag auf den ersten Blick kompliziert und unvertraut erscheinen. Kompliziert ist sie ge-

Schall – was er ist und wie wir ihn empfinden

Schall sind mechanische Schwingungen, die sich in einem elastischen Medium, z. B. in Luft, fortpflanzen. Wie wir, so nutzen auch Fledermäuse zur Schallerzeugung den Luftstrom, der die Lunge beim Ausatmen verlässt. Dieser bringt die Stimmbänder und bei den Fledermäusen zusätzlich so genannte Vokalmembranen zum Schwingen. Deren Beschaffenheit und die verstellbare Spannung sowie Verstärkung und Abschwächung im Vokaltrakt bestimmen die Charakteristika der durch Mund oder Nase abgegebenen Luftschwingungen. Diese Schwingungen, die Schallwellen, können physikalisch beschrieben werden. Sie erzeugen, wenn es sich um Schall im menschlichen Hörbereich handelt, einen subjektiven Höreindruck. Der Höreindruck kann ebenfalls beschrieben werden. In der Tabelle wird gezeigt, welche Höreindrücke von welchen physikalischen Schallparametern hervorgerufen und in welchen Größen diese Schallparameter gemessen werden.

Höreindruck	physikalische Größe	Maßeinheit
hoher – tiefer Ton	hohe – tiefe Frequenz	Hertz (Hz) = Schwingungen pro Sekunde; 1000 Hz = 1 kHz (sprich: Kilohertz)
lauter – leiser Ton	hoher – geringer Schalldruck; meist angegeben als Schalldruckpegel	Dezibel Schalldruckpegel (dB SPL); SPL* von engl. »sound pressure level«

** Es handelt sich um ein logarithmisches Maß, das leichtes Hantieren mit sehr großen Wertebereichen ermöglicht. Eine Verdopplung des zugrunde liegenden Schalldruckes bedeutet eine Zunahme um 6 dB; eine Verzehnfachung eine Zunahme um 20 dB.*

Die Grundstruktur des Hörsystems von Menschen und Fledermäusen besitzt einige Gemeinsamkeiten. Die akustische Welt jedoch ist für Mensch und Fledermaus wohl sehr unterschiedlich. Menschen können Frequenzen von ungefähr 16 Hz bis 20 kHz hören. Die Ortungssignale mitteleuropäischer Fledermäuse liegen zwischen 15 kHz und 150 kHz. Um die rückkehrenden Echos zu nutzen, können die Fledermäuse natürlich entsprechend hochfrequenten Schall auch hören. Je nach Art können sie darüber hinaus Frequenzen gut wahrnehmen, die tiefer sind als die ihrer Echoortungssignale.

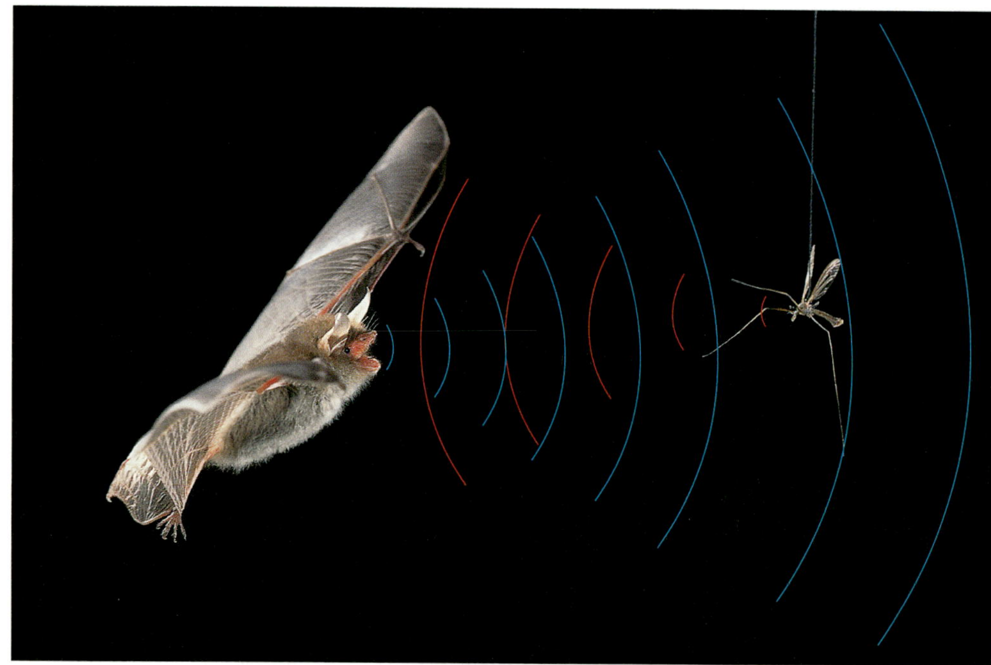

Die Schallwellen des Ortungslautes einer Fransenfledermaus werden von einer Kohlschnake (zu Studienzwecken an einem Faden aufgehängt) als Echo zurück geworfen.

wiss und man gerät ins Staunen, wenn man sich vergegenwärtigt, dass all dies in dem kleinen Fledermausgehirn hochpräzise abläuft. So unvertraut und ungewöhnlich ist diese Richtungskodierung indes nicht. Wenn wir hören, dass unser entlaufener Hund links und eben nicht rechts des Feldweges aus dem Kornfeld bellt, dann nutzt unser Gehirn ebenso Intensitäts- und Laufzeitunterschiede des an unseren beiden Ohren eintreffenden Gebells. Dieser Mechanismus ist unter den Säugetieren weit verbreitet. Die Fledermäuse geben ihm dadurch eine neue Qualität, dass sie nicht auf Geräusche lauschen, sondern auf das Echo ihrer eigenen Rufe.

Wie groß etwas ist, darüber gibt der Fledermaus u.a. die Intensität des Echos eine Ahnung. Bei gleichem Material und ähnlicher Form ist ein Echo nämlich umso lauter, je größer das den Schall reflektierende Objekt ist. Natürlich gilt das nur bei gleich bleibender Entfernung der Fledermaus zu diesen Objekten. Denn es gilt ebenfalls, dass ein Echo umso lauter ist, je näher die Fledermaus dem reflektierenden Gegenstand ist. Das liegt an der so genannten geometrischen Abschwächung des Schalls. Auch die ist uns aus dem Alltag bekannt: Je weiter wir von unserem Hund weg sind, desto leiser hören wir ihn im Kornfeld bellen.

Warum überhaupt Ultraschall?

Neben der geometrischen Abschwächung gibt es auch die so genannte atmosphärische Abschwächung. Und die hat zur Folge, dass hochfrequenter Schall weniger weit trägt als niederfrequenter. Fledermausrufe sind meist sehr hochfrequent, häufig hochfrequenter als 20 kHz und daher für den Menschen nicht mehr hörbar. Schallereignisse oberhalb des menschlichen Hörbereiches werden als Ultraschall bezeichnet. Schallereignisse unterhalb, die also so tieffrequent sind, dass wir sie nicht mehr hören, sind Infraschall. Elefanten verständigen sich über viele Kilometer mit Infraschallrufen. Sie haben es der geringen atmosphärischen Abschwächung zu verdanken, dass diese tiefen Rufe so weit tragen.

Physikalische Gesetze gelten natürlich für Elefanten wie für Fledermäuse gleichermaßen. Die Fledermäuse handeln sich folglich mit den Ultraschallrufen eine sehr hohe atmosphärische Abschwächung ein. Als Echoorter trifft sie das auch noch doppelt: auf dem Weg des Ortungsrufes zum Umweltobjekt und auf dem Weg des Echos zurück zur Fledermaus. Echoortung ist daher ein Orientierungssystem für das Nahfeld. Wohl nur selten erhalten und verwerten Fledermäuse Echoinformation über Dinge, die weiter als 20 m von ihnen entfernt sind. Der 34 m entfernte Draht im obigen Beispiel ist bereits eine sehr weite Entfernung in der Echowelt der Fledermäuse. Tatsächlich wäre ein Draht für eine Fledermaus in dieser Entfernung gar nicht wahrnehmbar. Auf kleine Insekten, die ähnlich schwache Echos erzeugen, reagieren Zwergfledermäuse sogar meist erst in 1–2 m Entfernung. Wenn man mit dem Fledermausdetektor draußen ist, wird man feststellen, dass die frequenzabhängige Abschwächung natürlich auch für uns und unsere Technik gilt. Einen Abendsegler, der Ortungssignale von ca. 20 kHz sendet, kann man über eine viel weitere Distanz im Detektor hören als eine Zwergfledermaus mit ihren ca. 50 kHz.

Warum aber nutzen Fledermäuse Ultraschall zur Echoortung, wenn die geringe Reichweite ihr »Blickfeld« dermaßen einschränkt? Das liegt wohl daran, dass Ultraschall den Vorteil hat, eine relativ genaue Auflösung zu geben. Je höher die Frequenz, desto kleiner die Wellenlänge. Je kleiner die Wellenlänge, desto kleiner wiederum kann ein Objekt sein, das ein von den Echos anderer (benachbarter) Objekte getrenntes Echo zurückwirft. Mit der tiefen menschlichen Stimme lässt sich zwar über weite Entfernung ein Echo erhalten, aber nur von Häuserschluchten, Bergrücken usw. Eine fliegende Stubenfliege ist viel zu klein, um unseren tieffrequenten Zuruf hörbar zu reflektieren. Wenn aber eine Zwergfledermaus die Stubenfliege mit einem Ortungsruf von 50 kHz beschallt, dann wirft die Fliege ein deutliches Echo zurück. 50 kHz entsprechen einer Wellenlänge von knapp 7 mm und liegen damit in der richtigen Größenordnung zur Ortung von Insekten.

Um sich in einer strukturreichen Umwelt mit Echoortung zurechtzufinden, braucht man eine gute Raumauflösung und folglich hochfrequente Ortungssignale. Fledermäuse können ausgesprochen schnell reagieren. So macht es nichts, wenn ihr »Echoortungsblick« nur wenige Meter reicht. Für die grobe Fernorientierung können sie die Augen einsetzen, wenn es nicht völlig dunkel ist. Wahrscheinlich kann ein Abendsegler, der hoch durch den freien Luftraum fliegt, durchaus die Horizontlinie sehen, wo der tiefgraue Himmel in den pechschwarzen Wald übergeht.

Wie oft ruft eine Fledermaus? – Daumenregeln in der Echowelt

Wenn man so schnell fliegt wie eine Fledermaus und über ein Nahfeld-Ortungssystem verfügt, dann ergibt sich, dass man häufig Ortungslaute aussenden muss. Denn nur wenn sie einen Laut aussendet, kann sie (kurz darauf) ein »Echobild« hören. Hier ist wieder der Vergleich mit einer Taschenlampe hilfreich, um die Echowelt der Fledermäuse besser zu verstehen. Es gibt Taschenlampen mit einem Morseknopf, mit dem man das Licht für sehr kurze Zeit einschalten kann. Stellen Sie sich vor, Sie fahren mit dem Fahrrad nachts durch den Wald, um Maikäfer zu fangen; mit 25 km/h und einer Morsetaschenlampe, die ab und zu aufblinkt und Ihnen eine Momentaufnahme Ihrer Umgebung zeigt. Das ist ungefähr die Situation einer jagenden Fledermaus. Wenn die Taschenlampe nur einmal pro Minute aufblinkt, sehen Sie die nächste Kurve nicht und landen im Gebüsch. Um sich ein passables Umgebungsbild aus den kurzen Lichtblitzen zu verschaffen, ist es gut, wenn jede Stelle mehrmals beleuchtet wird. Und generell sollte die Lampe umso häufiger aufblitzen, je kurviger und hindernisreicher der Weg ist. Tatsächlich stoßen Fledermäuse in hindernisreicher Umgebung, wie z.B. in Wald und Gebüsch, häufiger Ortungslaute aus als im freien Luftraum, hoch am Nachthimmel.

Fledermausdetektoren und Lautanalyse

Fledermausdetektoren machen die Ultraschalllaute der Fledermäuse für uns hörbar. Sie helfen also, Fledermäuse in Freiland zu »detektieren«, zu entdecken und vielleicht sogar zu sehen. Und man kann allein durch Belauschen der Ortungslaute eine Menge über das Verhalten der Fledermäuse erfahren.

Inzwischen werden etliche Modelle von Fledermausdetektoren kommerziell angeboten (Bezugsadressen siehe Anhang). Sie kosten von gut 100,- DM bis zu mehreren 1000,- DM. Die Preisunterschiede kommen vor allem durch die Güte des Ultraschallmikrofons und die sonstige technische Ausstattung zustande. Ultraschallmikrofone wandeln die Schallwellen der Ortungslaute in elektrische Spannungsschwankungen um. Billigere Detektoren machen die Ortungslaute vorbeifliegender Fledermäuse lediglich hörbar, teurere ermöglichen, die Laute aufzunehmen und später am Computer zu analysieren. Zwei Detektortypen sollen hier kurz vorgestellt werden.

So genannte **Frequenzmischer-Detektoren** *ziehen bildlich gesprochen eine voreingestellte Mischfrequenz vom Signal der Fledermaus ab und geben das Differenzsignal über einen Lautsprecher aus. Wenn eine Zwergfledermaus bei 50 kHz ruft und die Mischfrequenz auf 49 kHz eingestellt ist, kommt ein Signal von 1 kHz aus dem Lautsprecher (ebenso, wenn 51 kHz eingestellt sind). Dieses Differenzsignal von 1 kHz ist für uns gut hörbar. Je näher die Mischfrequenz dem Originalsignal ist, desto tiefer hört sich das Differenzsignal an. Mit Übung kann man also allein durch schnelles Verstellen der Mischfrequenz feststellen, bei ungefähr welcher Frequenz eine vorbeifliegende Fledermaus (am lautesten) ruft.*

Mit ebenso viel Übung kann man auch beurteilen, ob es sich um einen eher langen, schmalbandigen oder eher kurzen, breitbandigen Ortungslaut handelt. Das Differenzsignal von langen, schmalbandigen Ortungslauten zur Mischfrequenz ist ebenfalls relativ »lang« (wir sprechen von wenigen Millisekunden!). Und es ist ebenfalls schmalbandig, d.h. es bleibt fast auf einer Frequenz. Wenn man die richtige Mischfrequenz gefunden hat, hört es sich ein bisschen an wie plätschernde Wassertropfen; der Höreindruck ist daher »nass«. Das Differenzsignal von kurzen, breitbandigen Ortungslauten ist kürzer und beinhaltet viele, sich schnell ändernde Frequenzen. Es hört sich ein bisschen an wie der »Plopp« beim Öffnen einer Sektflasche; der Höreindruck wird als »trocken« beschrieben.

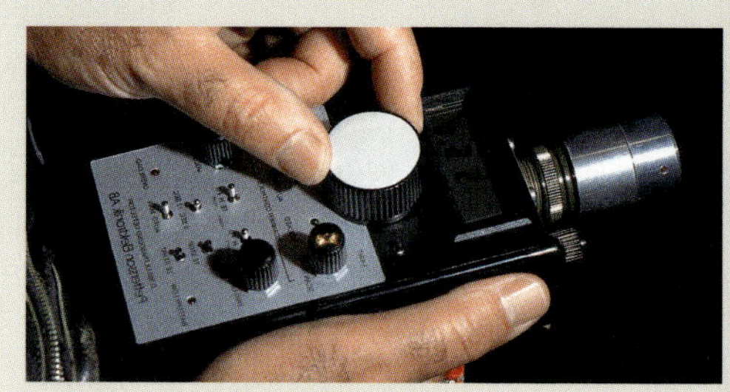

55 kHz sind als Mischfrequenz an diesem Fledermausdetektor eingestellt: ideal, um Mückenfledermäuse oder in Südeuropa auch Langflügelfledermäuse zu belauschen.

Wenn Sie auf der nächtlichen Fahrradtour nicht nur nicht vom Weg abkommen, sondern auch noch Maikäfer finden und fangen wollen, dann reicht es nicht einmal, alle paar Sekunden die Lampe aufleuchten zu lassen. In diesem Fall sinken Ihre Erfolgschancen beträchtlich, weil die Käfer in der Zeit zwischen zwei Lichtblitzen leicht unbemerkt an Ihnen vorbeifliegen können. Oder Sie haben in einem Lichtblitz den Käfer nicht entdeckt, weil er zu weit weg war und beim nächsten sind Sie schon vorbeigefahren. Bei 25 km/h legt man immerhin 7 m/s zurück. Es empfiehlt sich also, mehrmals pro Sekunde einen Lichtblitz bzw. Echoortungsruf auszusenden – und genau das tun Fledermäuse.
Je nachdem, ob sie in sehr verwinkelter Waldumgebung oder im besser »überschaubaren« freien Luftraum jagen, stoßen

Zeitdehnungs-Detektoren *speichern eine oder wenige Sekunden Fledermaussignal digital. Dann geben sie den Speicherinhalt verlangsamt auf einen Lautsprecher aus. Wenn der 50-kHz-Ortungsruf der Zwergfledermaus 10-fach verlangsamt ausgegeben wird, dauert er 10-mal so lang, hat aber nur noch 1/10 der Frequenz: also 5 kHz. Damit ist er für uns hörbar. Wieder mit viel Übung (die hier nicht oft genug betont werden kann) ist am verlangsamten, also zeitgedehnten Signal gleich zu hören, ob es eher auf einer Frequenz bleibt oder frequenzmoduliert, also breitbandig ist. Das zeitgedehnte Signal kann mit einem Kassetten- oder DAT-Recorder aufgenommen und später am Computer analysiert werden. Das Differenzsignal aus dem Mischer-Detektor ist dazu nicht geeignet, weil es dem Originalsignal der Fledermaus nicht mehr entspricht.*
Verschiedene **Lautanalyse-Softwarepakete** *(siehe Anhang) ermöglichen an einem mit Soundkarte ausgestatteten PC, zeitgedehnte Fledermaussignale zu analysieren. Die vom Kassettengerät eingespielten Laute werden digitalisiert und meist mittels der so genannten schnellen Fourier-Transformation (FFT) in so genannten Sonagrammen (= Spektrogrammen) dargestellt. Dabei wird der Frequenzverlauf der Ortungslaute über der Zeit dargestellt. Die Amplitude ist meist in Farbstufen kodiert.*
An einem Sonagramm kann man ablesen, bei welcher Frequenz ein Laut beginnt, bei welcher er endet, wie lange er dauert und welchen Abstand zum nachfolgenden Laut er hat (siehe unten stehenden Beispiellaut). Leider erfordert die computergestützte Analyse akustischer Signale sehr viel Sachverstand, wenn sie sinnvolle und reproduzierbare Ergebnisse liefern soll. Wer ernsthaft interessiert ist, in die Lautanalyse einzusteigen, sollte sich mit erfahrenen Spezialisten zusammentun.
Aber auch auf einem weniger professionellen Niveau kann es sehr instruktiv sein, den Höreindruck, den man im Freiland mit dem Zeitdehnungs-Detektor bekommt, mit Hilfe von Lautanalyse-Software zu visualisieren. Da sieht man dann, was ein langer und was ein kurzer Laut ist und wie die Ruffrequenz abfällt oder eben beinahe konstant bleibt.

Echoortungslaut einer Wasserfledermaus

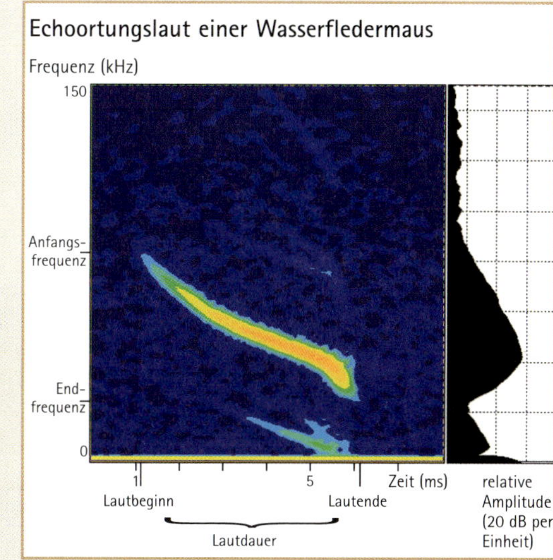

Fledermäuse zwischen 20 und 5 Echoortungsrufen pro Sekunde aus. Wenn sie Insekten verfolgen und diese bei deren Ausweichmanöver nicht verlieren dürfen, also beständig mit neuen »Lichtblitzen hinschauen« müssen, können sie für Sekundenbruchteile sogar Laute im Abstand von nur 5 ms erzeugen. Das entspricht einer Rate von 200 Rufen pro Sekunde!

Bei vielen Fledermausarten, z. B. bei der Wasserfledermaus, sinken diese Lautgruppen kurz vor dem Insektenfang in einen tieferen, für uns Menschen gerade noch hörbaren Frequenzbereich. Sie hören sich an wie ein kurzes Summen und werden daher auch Buzz (engl. für Summen) genannt. Auf der Abbildung unten ist die Ortungssequenz einer Wasserfledermaus beim Insektenfang zu sehen.

Bei fliegenden Fledermäusen ist das Aussenden von Ortungsrufen an den Flügelschlag gekoppelt. Der Flügelschlag versetzt ja den ganzen Brustkorb und daher auch die Lunge in Bewegung, aus der die Luft strömt, die die Stimmbänder zum Schwingen bringt. Häufig wird pro Schlagzyklus ein Laut ausgestoßen, und zwar am Ende des Aufschlages oder im beginnenden Abschlag, wenn die Tiere ohnehin kräftig ausatmen. Abendsegler oder Breitflügelfledermäuse im freien Luftraum rufen manchmal nur bei jedem zweiten oder gar dritten Flügelschlag. Fledermäuse in dichter Vegetation hingegen stoßen oft zwei Rufe pro Schlag aus. Bei der Annäherung an ein Insekt oder auch einen Landeplatz wird die Rufrate stark erhöht und ist im Buzz vom Flügelschlag entkoppelt.

Nun kann man natürlich fragen, warum sich Fledermäuse überhaupt mit kurzen Momentaufnahmen im »Taschenlampenlicht« ihrer Ortungsrufe begnügen und nicht einfach »ständig Licht machen«, also pausenlos rufen. Das liegt daran, dass sie sich selbst gewissermaßen die Ohren vollschreien, während sie einen Laut ausstoßen. Der aus dem Maul ausgestoßene Laut ist natürlich auch an den Fledermausohren sehr intensiv. So intensiv, dass die Fledermaus gleichzeitig eintreffende Umweltechos kaum wahrnehmen kann. Erst wenn der Laut zu Ende ist, hat sie wieder die Ohren frei, um auf Echos zu hören. Sie ruft und schickt den Ortungslaut auf Reise, dann wartet sie auf Echos und macht sich ein Umgebungsbild.

Übertragen auf das Taschenlampenbild heißt das: Wir schicken einen Lichtstrahl los und blenden uns dabei die Augen, weil das Licht so hell ist. Dann wird es wieder dunkel und nach und nach sehen wir die Bäume, Büsche und Maikäfer aufleuchten, bei denen der Lichtstrahl schon angekommen ist und von ihnen zurück zu unseren Augen geworfen wird. Weil sich Licht so unglaublich schnell ausbreitet, ist für uns allerdings die gesamte Um-

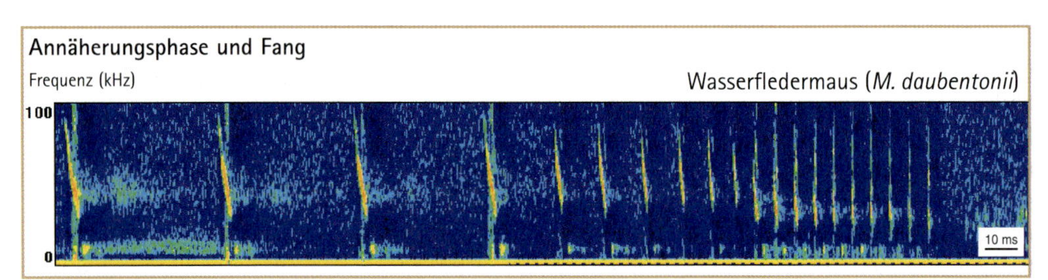

Eine Sequenz von Echoortungslauten, die eine Wasserfledermaus unmittelbar vor dem Beutefang aussendet (in Sonagrammdarstellung). Je näher sie der Beute kommt, desto häufiger ruft sie (»schaut sie hin«), um Position und Ausweichbewegungen des Insektes genau zu verfolgen.

Wenn eine Fledermaus, wie diese Fransenfledermaus, in dichter Vegetation jagt, hört sie ständig eine Vielzahl von Blätterechos. Äußerst schwierig, in diesem Echosalat eine Beuteecho zu entdecken.

gebung bereits in dem Augenblick sichtbar, in dem wir die Lampe anknipsen. Für die Fledermäuse aber, die sich des langsameren Mediums Schall bedienen, dauert es viele »Ohrenblicke« (immer noch lediglich Sekundenbruchteile!), bis die Echos aus ihrer Umgebung nach und nach eintreffen.

Grüner Grashüpfer in grünem Gras: Wie Fledermäuse Beute finden

Inzwischen ist klar geworden, dass der aufgespannte Draht über freiem Feld wirklich ein einfaches Beispiel war: ein klar umrissenes Objekt im Nichts. Fledermäuse müssen jedoch in ihrer Umwelt mit viel komplexeren Situationen umgehen. Aus einer Vielzahl lauter und leiser Echos, die sich auch noch überlagern, können sie ein Raumbild einer reich strukturierten Waldkante aufbauen. Jedem Ortungslaut folgt ein »Echosalat« und

Echosalat für Echosalat wird das Raumbild besser.
Eine sehr wichtige Frage, auch für jede Fledermaus, ist natürlich: Wo gibt es etwas zu fressen? Da europäische Fledermäuse fast ausschließlich Insekten und Spinnentiere fressen, heißt hier die Frage, wie findet man Insekten und Spinnen mittels Echoortung? Wie sehen Insektenechos aus? Bei dieser Frage ist nun die Orientierung mit Schall gegenüber der Orientierung mit Licht mit einigen Schwierigkeiten behaftet. Wenn eine schwarze Spinne auf Ihrer himmelblauen Tapete sitzt, haben Sie schon dank des Farbkontrastes wenig Probleme, diese zu entdecken. Mit Schall beleuchtet, haben Insekten aber keine deutlich andere »Farbe« als Blätter, Baumstämme, Erdreich oder was sonst so in der Fledermauswelt vorkommt. Das heißt, sie reflektieren ungefähr dieselben Schallfrequenzen. Ob eines der vielen Echos in dem »Echosalat« einer Waldkante also nicht von einem Blatt, sondern von einem Insekt stammt, ist schwer zu sagen. Insekten in der Vegetation zu suchen ist für Fledermäuse mindestens so schwer wie für uns, grüne Grashüpfer in grünem Gras entdecken zu wollen. Beide sind getarnt – die einen akustisch im »Echosalat« der Vegetation, die anderen optisch in der gleichfarbigen Umgebung. Mit Echoortung alleine kann eine Fledermaus solch ein Insekt nicht finden.

Lauschen auf Beutegeräusche

Manche Fledermausarten lösen dieses Problem, indem sie ihre besonders großen Ohren einsetzen und genau hinhören.
Sie lauschen auf Geräusche, die die Beuteinsekten produzieren und mit denen sie sich verraten: Krabbeln, Flügelschlagen oder Balzgesänge. Solche Geräusche sind spezifisch für Insekten und erlauben, diese von Blättern oder Rinde zu unterscheiden. Meist sind solche Insektengeräusche relativ tieffrequent, oft auch noch für den Menschen hörbar.
Große Ohren eignen sich schon aus physikalischen Gründen besonders gut zum »Hörrohr«, das solche tieffrequenten und damit langwelligen Schallereignisse richtungsabhängig verstärkt und zum Mittel- und Innenohr der hungrigen Fledermaus weiterleitet. So sind große Ohren, wie die der Bechsteinfledermaus, ein guter Hinweis darauf, dass eine Fledermausart vegetationsnah ihre Beute sucht, indem sie nach verräterischen Geräuschen horcht. Dabei echoortet sie ständig, um die Bäume und den Waldboden in einem »Hörbild« zu sehen. Dass auf einem der Bäume aber ein Falter sitzt, das ist nicht auf dem Echobild zu erkennen. Um den Falter wahrzunehmen, muss sie ihn rascheln oder flattern hören. Dann scheint der Ort, von dem das Geräusch kommt, vielleicht wie ein Leuchtpunkt vor ihrem »inneren Auge« auf und sie fliegt ihn präzise an. Für Anflug und Landekontrolle kann sich die Fledermaus auf ihr Echoortungssystem verlassen.

Spezialisierte Echoorter

Auch die Fransenfledermaus sucht ihre Beute oft dicht an der Vegetation. Sie jagt in Wäldern und, wie auf oben stehendem Foto zu sehen, über Wiesen nach Insekten und Spinnen. Dabei erzeugt sie Echoortungssignale, die in sehr kurzer Zeit von sehr hohen Frequenzen zu niedrigeren abfallen. So ein steil fre-

Spinne und Vegetation werfen fast gleichzeitig eintreffende Echos zurück zur Fledermaus. Es ist eine enorme Ortungsleistung auf vegetationsnahe Jagd spezialisierter Fledermausarten, die Spinne als Beute zu erkennen.

Fransenfledermäuse und andere Arten, die dicht an der Vegetation Beute suchen, nutzen in dieser Situation kurze, breitbandige Ortungslaute.

quenzmoduliertes Ortungssignal einer Fransenfledermaus ist auf dem Sonagramm im Bild rechts zu sehen. Kurze Ortungslaute mit großem Frequenzumfang erzeugen Echos, die der Fledermaus, wenn sie mit einem entsprechend ausgefeilten Hörsystem ausgestattet ist, ein recht präzises Hörbild mit hoher Raumauflösung liefern. Wahrscheinlich erlauben es die kurzen, breitbandigen Ortungslaute der Fransenfledermaus, z.B. eine Spinne, die an ihrem Faden einige Zentimeter vor dem Laubwerk hängt, akustisch von dem Echosalat des Blattwerkes zu trennen. Sie ruft, wartet, hört ein schwaches Echo. Dann kurze Stille und schließlich das Wirrwarr der Blätterechos. Dieses erste, separate Echo zeigt ein kleines Objekt an, das getrennt vom Blattwerk ist. Das könnte Beute bedeuten ... Die Fledermaus fliegt an und fängt.

Die Fransenfledermaus und ähnlich gut auch die Wimperfledermaus können dicht vor dem Blattwerk Insekten und Spinnen mit Echoortung wahrnehmen. Sie brauchen dazu keine Krabbel- oder Flattergeräusche der Beute zu hören. Dank ihrer kurzen, breitbandigen Ortungssignale sind sie Spezialisten der vegetationsnahen Jagd per Echoortung.

Wenn eine Spinne aber direkt auf oder gar unter einem Blatt sitzt und nicht davor am Faden hängt, dann kann wohl auch die Fransenfledermaus mit Echoortung alleine nichts mehr ausrichten. Dann wird das Spinnenecho Teil des Echosalates, das das Blattwerk zu ihr zurückwirft. Es verschwindet für die Fledermaus im Echowirrwarr wie für uns der grüne Grashüpfer im Gras. Da hilft höchstens noch, die Ohren zu spitzen und Krabbelgeräusche zu erhaschen.

Beutefang im freien Luftraum

Einfacher haben es da ein Abendsegler oder eine Zwergfledermaus, wenn sie viele Meter von Gebüsch und Boden entfernt nach Nahrung suchen. Für sie gilt das einfache Beispiel, das wir weiter oben mit dem aufgespannten Draht über freiem Feld betrachtet haben. Sie rufen in die Nacht und bekommen vielleicht gar kein Echo zurück, weil nichts da ist außer Luft. Kein Blätterwald, kein Hindernis und keine Beute. Um nun kleine fliegende Insekten am Nachthimmel zu entdecken, verwenden sie einen speziellen Typ von Echoortungssignalen: relativ lange Laute mit geringem Frequenzumfang. Neben dem jagenden Abendsegler auf oben stehendem Foto ist so ein Ortungssignal zu sehen. Es ist deutlich zu sehen, dass der Abendseglerlaut viel länger ist als der der Fransenfledermaus und beinahe auf einer Frequenz bleibt, also sehr schmalbandig ist. Trifft solch ein Ortungslaut

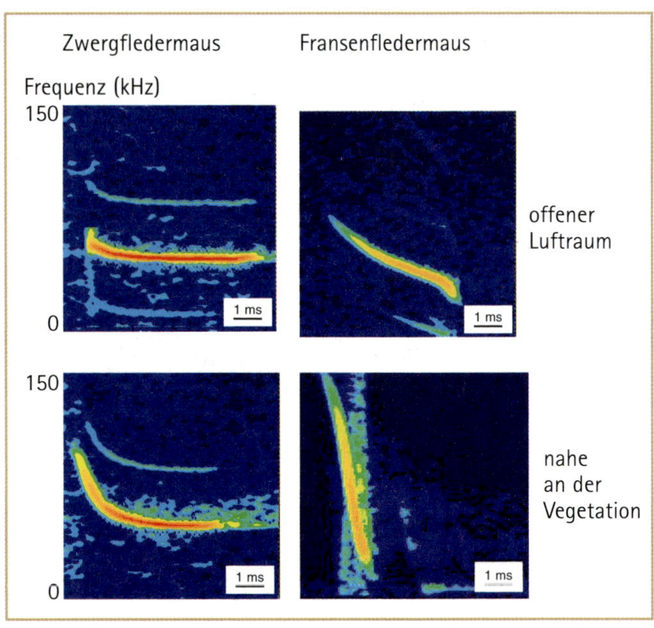

Für Zwergfledermaus, Fransenfledermaus und alle anderen europäischen Glattnasenfledermäuse gilt: Suchlaute im freien Luftraum sind eher lang und schmalbandig, Suchlaute (derselben Art, ja desselben Tieres) nahe an der Vegetation eher kurz und breitbandig.

auf ein Insekt, wirft es ein entsprechend langes, schmalbandiges Echo zurück.
Wenn das Insekt klein und weit weg ist von der Fledermaus, reflektiert es nur ein schwaches Echo. Die Fledermaus hat dennoch eine Chance, das Echo wahrzunehmen, weil es relativ lang ist und seine gesamte Energie in einem eng umschriebenen Frequenzbereich eintrifft, den die Fledermaus auch noch zu hören erwartet. Ähnlich wie wir wohl ein schwaches, aber langes rotes Lichtsignal eher entdecken als ein kurzes, das seine Leuchtenergie auch noch auf verschiedenen Wellenlängen, also Farben, verteilt.
Wenn eine Fledermaus hoch am Himmel überhaupt ein Echo von etwas Kleinem hört, dann darf sie relativ sicher sein, dass es sich um Beute handelt. Ungenießbare Dinge in Insektengröße gibt es weit weg von Boden und Vegetation kaum. Um im freien Luftraum Beute zu finden, nutzen Fledermäuse also Echoortungssignale, die die Wahrscheinlichkeit, ein hörbares Beuteecho zu erzeugen, möglichst hoch ausfallen lassen: lange, schmalbandige Echoortungslaute.

Was sind große Ohren?

Die Wasserfledermaus wiegt im Mittel unbedeutend weniger als die Bechsteinfledermaus ihre Ohren sind aber nur ungefähr halb so lang. Das Große Mausohr wiegt etwa das Dreifache und hat Ohren, die wenig größer sind als die der Bechsteinfledermaus. Alle drei Arten gehören zur Gattung der Mausohrfledermäuse (Myotis), sind also einigermaßen nahe verwandt und daher auch gut miteinander vergleichbar. Relativ zu ihrer Größe hat die Bechsteinfledermaus also mit Abstand die größten Ohren und erscheint deshalb als Spezialist in der vegetationsnahen Insektenjagd und im Erlauschen der Krabbelgeräusche ihrer Beute.
Im Vergleich zur Wasserfledermaus, die nicht Insektengeräusche, sondern vielmehr deren Echobild benutzt, um Beute zu finden, wird diese Interpretation der Ohren auch vom Jagdverhalten der Arten bestätigt. Das Große Mausohr ist aber genau wie die Bechsteinfledermaus ein Spezialist des Lauschens auf Beutegeräusche, obwohl sie in Relation zu ihrer Körpergröße viel kleinere Ohren hat.
Vielleicht ist aus physikalischen Gründen eine minimale absolute Ohrgröße für das richtungsgenaue Hören von tieffrequenten und damit langwelligen Insektengeräuschen notwendig oder zumindest förderlich. Da die Ohren der Bechsteinfledermäuse und die der Mausohren absolut gesehen ähnlich groß sind, können sie schallphysikalisch wahrscheinlich auch Ähnliches leisten. Sie sind bei der kleineren Bechsteinfledermaus nur eben relativ gesehen viel größer. Wären die Ohren der Großen Mausohren im Verhältnis zur Körpergröße denen der Bechsteinfledermäuse entsprechend, würden sie vielleicht beim schnellen Überlandflug, wie er für Mausohren typisch ist, aerodynamische Turbulenzen und somit Schwierigkeiten erzeugen. Der auf die Größe normierte Vergleich von Ohren und anderen Gestaltmerkmalen ist nur von begrenzter Aussagekraft, wenn harte physikalische Randbedingungen im Spiel sind.

Wasserfledermaus

Bechsteinfledermaus

Großes Mausohr

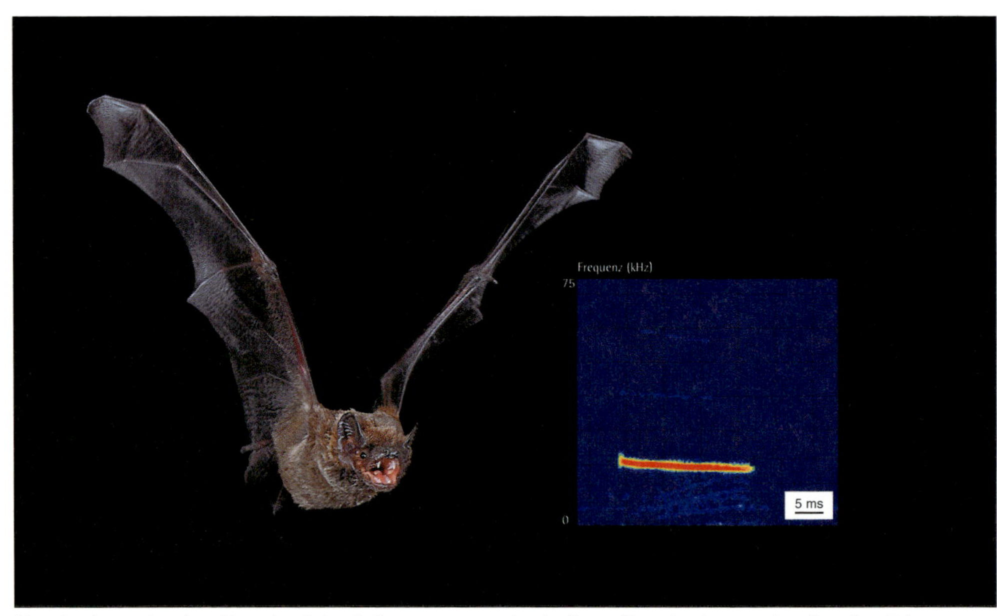

Abendsegler und andere Jäger des freien Luftraums verwenden in dieser Situation lange, schmalbandige Echoortungsrufe.

Zusammengefasst ergibt sich folgendes Bild: Um mit Echoortung vegetationsnahe Beute zu finden, eignen sich kurze, breitbandige Ortungslaute. Diese sind, weil sie ein Hörbild mit guter Raumauflösung entstehen lassen, auch zur Hindernisvermeidung und Wegfindung beim Jagdflug am und im Gebüsch geeignet und werden daher ebenfalls von Fledermäusen erzeugt, die ihre Beute gar nicht mit Echoortung, sondern mit Lauschen auf Krabbelgeräusche finden. Um Beute im freien Luftraum zu finden, sind lange, schmalbandige Echoortungsrufe besonders vorteilhaft. Diese Eignung bestimmter Signaltypen für bestimmte Aufgaben geht, wie hier skizziert, auf generelle physikalische und biologische Gesetzmäßigkeiten zurück. Mit einem Wort: Sie gilt für alle Fledermäuse. Zwar kann die Fransenfledermaus als Spezialist vegetationsnaher Jagd besonders kurze, breitbandige und der Abendsegler als Spezialist des freien Luftraums besonders lange, schmalbandige Echoortungsrufe erzeugen. Grundsätzlich aber ist jede Fledermaus, gleich welcher Art, in der Lage, eine ganze Menge verschiedener Ortungslaute zu erzeugen. Sie verfügt über ein Lautrepertoire, das von kurz und breitbandig zu lang und schmalbandig spannt und aus dem sie je nach Situation Laute herausgreift und zur Ortung nutzt. Ein Vergleich der Echoortungsrufe von Zwerg- und Fransenfledermaus, wie sie auf der Abbildung auf Seite 40 zu sehen sind, zeigt, dass die generelle Tendenz wirklich über Artgrenzen hinweg gilt.

Was uns die Ortungslaute erzählen ...

Eine Fledermaus verändert also ihre Ortungslaute je nachdem, was sie gerade macht und was sie von ihrer Umwelt wissen will. Wenn wir ihre Laute mit dem Fledermausdetektor hörbar machen oder aufzeichnen und am Computer analysieren, dann können wir den Lauten etliches entnehmen. Ähnlich, wie wenn wir still am Rande einer Waldlichtung sitzen und sehen, wie jemand mit einer Taschenlampe aus dem Wald tritt. Er dreht an der Lampe, streut den Stahl breit und lässt ihn über die Lichtung wandern. Ohne zu fragen, wissen wir, dass dieser Jemand etwas sucht. Plötzlich bleibt der Lichtkegel stehen und wird gebündelt. Da hat er wohl etwas gefunden, was seine gebündelte Aufmerksamkeit auf sich lenkt. Eine Waldhütte. Je näher der Mensch kommt, desto fokussierter wird der Lampenstrahl, bis er schließlich hell auf einem kleinen Bereich ruht. Wahrscheinlich betrachtet er den Türknauf der Hütte. Allein aus der Beobachtung dessen, wie der unbekannte Jemand sein Licht lenkt, mit seiner Beleuchtungsenergie haushaltet, können wir auf einiges schließen, was in ihm vorgeht, was ihn interessiert, worauf er sich konzentriert. Etwas weniger menschlich, aber nicht weniger spannend und aufschlussreich ist das Belauschen einer echoortenden Fledermaus.

Lange Laute und große Lautabstände deuten z.B. auf Insektensuche im freien Luftraum. Wenn die Abstände abnehmen und die Laute kürzer und breitbandiger werden, schaut die Fledermaus sozusagen genauer hin. Sie hat mit den langen Lauten etwas entdeckt und nutzt nun die Eigenschaften der kürzeren, breitbandigen Signale, nämlich ein präziseres Raumbild zu liefern, um sich das Etwas näher »anzusehen« und bei Interesse auch genau zu lokalisieren. Entscheidet sie sich zum Fang, erhöht sie die Rufrate enorm, holt sich immer mehr »Updates« der Beuteposition pro Zeiteinheit. Kurz vor dem Fang kommt dann der Buzz, der wahrscheinlich besonders lang ist, wenn die Verfolgungsjagd auf dem letzten Meter besonders schwierig ausfällt.

Da wie bereits angesprochen Flügelschlag und Lautaussendung oft gekoppelt sind, gibt die Zahl der Rufe pro Zeit einen Hinweis auf die Flügelschlagrate und damit die Fluggeschwindigkeit. Zu beachten ist, dass beim Kurvenflug oder in hindernisreicher Umgebung zwei und mehr Laute pro Flügelschlag erzeugt werden können. Im offenen Luftraum werden, wie gesagt, häufig Laute ausgelassen. Generell gilt, dass die Flügelschlagrate umso höher ist, je langsamer die Tiere fliegen. Auch ein Kolibri, der auf der Stelle schwirrt, schlägt ja viel schneller als ein Bussard im Streckenflug, dessen Schläge man gut einzeln erkennen kann. Flügelschlagfrequenzen von Fledermäusen liegen grob zwischen 5 und 15 Schlägen pro Sekunde.

Artbestimmung per Fledermausdetektor oder Lautanalyse?

Nach diesem Einstieg in die Echoortung sei hier nun noch einmal die Frage angegangen, ob man Fledermausarten anhand ihrer Ortungsrufe bestimmen kann. Es ist nun klar, dass viele Parameter der Ortungslaute davon abhängen, wo die Fledermaus momentan fliegt und was sie macht, und nicht davon, welcher Art sie angehört. Noch relativ einfach ist die Bestimmung, wenn man lange, schmalbandige Laute aufgenommen hat oder im Detektor hört. Diese werden zwar von vielen Arten im freien Luftraum produziert, aber die genutzten Frequenzen unterscheiden sich. So liegt der Ortungsruf des Abendseglers im freien Luftraum um 20 kHz, der der Breitflügelfledermaus um 27 kHz und der der Zwergfledermaus um 45 kHz. Diese Frequenzen sind im Detektor am deutlichsten zu hören. Wenn man die Ortungslaute aufnimmt und am Computer darstellt (siehe Kasten »Fledermausdetektoren und Lautanalyse«), kann man diese Frequenzbereiche noch genauer ermitteln.

Wenn die Laute kürzer und breitbandiger werden, weil die Fledermaus ein Insekt geortet hat oder sich der Waldkante

nähert, bleibt bei diesen Arten die Endfrequenz der Laute ungefähr im angegebenen Bereich, die Anfangsfrequenz steigt stark an (vgl. Fangsequenz der Wasserfledermaus S. 36). Auf Lautaufnahmen am Bildschirm ist die einigermaßen arttypische Endfrequenz noch zu erkennen; um sie mit dem Detektor zu finden, bedarf es schon einiger Erfahrung.
Außerdem gibt es bei der großen Variabilität der Signale, die einer einzigen Fledermaus in ihrem Repertoire zu Gebote stehen, starke Überlappungen und komplizierte, teils noch nicht aufgelöste Ähnlichkeiten zwischen Arten. Mit sehr ähnlichen Lauten wie die Breitflügelfledermaus und ungefähr im selben Frequenzbereich jagen außerdem Nord- und Zweifarbfledermaus und der kleine Abendsegler.
Noch wesentlich komplizierter ist es bei den *Myotis*-Arten.
Bei einigen Arten, die per Detektorbeobachtung oder Lautanalyse leicht von anderen abzugrenzen sind, ist das im Artenteil dieses Buches angegeben. Bei vielen der anderen ist eine sichere Bestimmung, die nur auf Ortungssignalen basiert, äußerst schwierig und für den Anfänger nicht zu empfehlen. Einen spannenden Einblick in das Leben der Fledermäuse gibt das Belauschen der Fledermäuse aber allemal, wie dieses Kapitel hoffentlich gezeigt hat.

Alles ein bisschen anders – die Hufeisennasen

Das bisher Gesagte gilt für Glattnasenfledermäuse, zu denen die meisten europäischen Fledermäuse gehören. Bei den Hufeisennasen, von denen in diesem Buch 2 der 5 europäischen Arten vorgestellt werden, ist vieles ein bisschen anders. Sie stoßen die Ortungslaute nicht aus dem Maul aus, sondern aus der Nase. Das hufeisenförmige Nasenblatt bündelt den abgestrahlten Laut. Die Ortungssignale, die Hufeisennasen verwenden, sind im Gegensatz zu denen der Glattnasen konstantfrequent und mit ungefähr 50 ms vergleichsweise lang. Da Hufeisennasen oft nahe an der Vegetation fliegen oder gar hängend von einer Warte aus nach Beute orten, hören sie ständig viele Echos. Weil ihre Rufe so lang sind, überlappen sich die Echos gegenseitig und auch mit dem noch in Aussendung befindlichen Ortungslaut.
Dennoch können die Hufeisennasen Insekten in diesem Echowirrwarr erkennen, wenn diese mit den Flügeln schlagen. Wenn der lange Ortungslaut auf ein

Mit dem Flügel führt die Hufeisennase ihre Beute zum Maul.

Eine Große Hufeisennase im Anflug auf einen Nachtschmetterling (Hausmutter). Sie öffnet das Maul bereits zum Zubeißen; Hufeisennasen senden ihre Ortungslaute nämlich aus der Nase.

flatterndes Insekt trifft, wird der Trägerfrequenz des Ortungslautes durch jeden Insektenflügelschlag ein so genanntes akustisches Glanzlicht aufmoduliert. Das sind charakteristische Verschiebungen in der Intensität und Frequenz des Echos, die der Hufeisennase verraten, dass da Beute flattert. Aus dem Rhythmus dieser Glanzlichter kann sie sogar die Flügelschlagfrequenz des Insektes entnehmen und daraus vielleicht erkennen, ob es sich um lohnende Beute handelt.

Ein besonders gutes Frequenzauflösungsvermögen im Hörsystem um die Trägerfrequenz ihrer Ortungslaute herum ermöglicht der Hufeisennase, diese akustischen Glanzlichter wahrzunehmen. Wenn sie fliegt, ist das zurückkehrende Echo ihrer Rufe aufgrund des Dopplereffektes für die Hufeisennase höher als das ausgesandte Signal. Damit droht es aus dem Bereich der besonders guten Frequenzauflösung herauszurutschen. Um das zu vermeiden, stößt die Hufeisennase umso tiefere Ortungsrufe aus, je schneller sie fliegt. Das Echo liegt dann jeweils genau im gewünschten, gut aufgelösten Frequenzbereich. Das hat 1966 mein Doktorvater, Prof. Dr. Hans-Ulrich Schnitzler, entdeckt.

Ein Fledermaussommer

Im Frühjahr kommen die Fledermäuse aus ihren Winterquartieren. Je nach Art, Region und Temperatur kann das erste Erscheinen im neuen Jahr zwischen Ende Februar und Ende April variieren. Große Mausohren verlassen z. B. ihre Winterquartiere in Deutschland meist Ende März, wohingegen sie in Portugal schon im Januar oder Februar wieder auftauchen.

Nach einem langen, nahrungsarmen oder -losen Winter steht natürlich das Fressen oben auf der Prioritätenliste. In warmen Frühlingsnächten, wenn auch die Insekten aktiv sind, sind die hungrigen Fledermäuse auf der Jagd.

Eine Gruppe Fransenfledermäuse hängt bei kaltem Aprilwetter in Tagesschlaflethargie in ihrem Kasten: Lethargie spart Energie.

Fledermäuse im Aprilwetter

Sind die Nächte jedoch kalt und von den Unbilden des Aprilwetters verregnet, lohnt sich der Jagdflug weniger. Dann verfallen die Fledermäuse wieder in einen Energie sparenden, winterschlafähnlichen Zustand, Tagesschlaflethargie genannt, und warten auf besseres Wetter. Wenn man, besonders bei kaltem Wetter, tagsüber Fledermäuse in ihren Quartieren findet, sind sie häufig in diesem Energie sparenden Zustand: kalt und klamm, langsam in ihren Bewegungen und Reaktionen, zum sofortigen Auffliegen gar nicht in der Lage. Sie benötigen einige Minuten, um bei Störungen wieder auf »Vollgas« zu schalten und zu schnellen Reaktionen fähig zu werden. Ein ziemlich wehrloser Zustand also, den sie sich natürlich nur in gut geschützten Quartieren leisten können. An ungeschützteren Plätzen würden sie leichte Beute von Mardern oder Katzen, für die so eine Fledermaus mit zeitlupenhaften Bewegungen eine willkommene Mahlzeit ist.

In sicheren Quartieren aber liegen die Vorteile dieses verlangsamten Zustandes auf der Hand: Die Fledermäuse kommen mit einem Bruchteil der Energie aus, die sie benötigen, um voll aktiv zu sein. So können sie (auch im Sommer) kalte Tage und beutearme Nächte überdauern, ohne gleich zu verhungern.

Diese Energiespar-Option der Tagesschlaflethargie ist besonders wichtig, weil Fledermäuse im aktiven Zustand einen sehr hohen Energieverbrauch haben. Eine Fledermaus kann in einer guten Jagdnacht Insekten im Gesamtgewicht von bis zur Hälfte ihres Körpergewichtes verdrücken. Säugende Weibchen brauchen sogar noch mehr. Ich habe zu Hause einen Gecko, ein wechselwarmes Reptil, das mit durchschnittlich 2 Mehlwürmern pro Tag bestens versorgt ist. Eine Fransenfledermaus, die

Eine Wochenstube des Großen Mausohrs: Alttiere etwas heller, Jungtiere eher dunkler in der Fellfarbe.

ich zur Pflege hatte, war erst mit 20 Mehlwürmern gut bedient, obwohl sie selbst nicht mal halb so schwer war wie der Gecko.

Im Laufe des Frühlings nehmen die warmen Nächte allmählich zu, der Jagderfolg der Fledermäuse steigt und sie gewinnen folglich an Gewicht. Direkt nach dem Winterschlaf werden verschiedene Zwischenquartiere aufgesucht. Zwischen März und Mai finden sich die Fledermäuse dann in den Quartieren ein, in denen sie den Sommer verbringen werden.

Die Wochenstuben

Fledermäuse sind Traditionstiere. Jedes Jahr kommen die Weibchen im späten Frühjahr in den gleichen Quartieren zusammen. Dort gebären und säugen sie in der Weibchengruppe ihre Jungen. Diese Gemeinschaft geflügelter »Wöchnerinnen« wird als Wochenstube bezeichnet.

Typische Wochenstubenquartiere in ländlichen Gegenden Deutschlands sind Dachstühle von Kirchen. Besonders Große Mausohren haben gerne ihre Wochenstuben im Dachgebälk und unter den Ziegeln solcher altehrwürdigen Bauwerke. Das liegt nun wohl weniger an besonderer Wertschätzung sakraler Architektur seitens der Fledermäuse, sondern vielmehr an der Ähnlichkeit solcher Dachstühle mit Quartieren, die Mausohren natürlicherweise nutzen. In Südeuropa nämlich haben sie ihre Wochenstuben in Höhlen. Ansammlungen von 10000 und mehr Mausohrweibchen und Jungtieren, dicht an dicht am Höhlendach hängend, sind ein sehr beeindruckender Anblick. Das nebenstehende Foto aus einer Höhle in Sardinien zeigt einen Ausschnitt einer großen Langflügelfledermaus-Kolonie. Damit so beeindruckend große Wochenstuben sich halten können, bedarf es einer intakten Natur ringsum; frei von Pestizidbelastung, die sich über die Pflanzen und Beuteinsekten in den Fledermäusen ansammelt.

In Deutschland haben die Mausohrpopulationen vor allem unter dem inzwischen verbotenen Einsatz von DDT sehr gelitten, sind dramatisch geschrumpft und haben sich bis heute nicht vollständig erholt. Eine Wochenstube von Mausohren hierzulande darf schon als beachtlich groß gelten, wenn sie 500 Weibchen umfasst.

Anders als in Südeuropa werden Höhlen hier in Mitteleuropa

Teil einer riesigen Kolonie von Langflügelfledermäusen in einer Höhle auf Sardinien.

überhaupt nicht als Wochenstubenquartiere genutzt. Das liegt sicher nicht an einem Mangel an Höhlen in unseren Breiten und keinesfalls daran, dass die Fledermäuse die Höhlen nicht kennen würden: Als Überwinterungsquartiere und im Herbst dienen die Höhlen auch hier den Fledermäusen vieler Arten als Quartier, wie wir in den folgenden beiden Kapiteln sehen werden.

Gegen die hiesigen Höhlen als Wochenstubenquartier spricht aus Fledermaussicht ein anderer Grund: Sie sind zu kalt. Im Inneren unserer Höhlen herrscht ganzjährig eine konstante Temperatur zwischen 5 und 10 °C. Das macht sie im Winter zu attraktiven, frostfreien Hangplätzen, im Sommer aber doch zu ziemlichen Kühlschränken im Vergleich zu den Außentemperaturen. Die großportaligen Karsthöhlen im warmen Südeuropa haben da angenehmere mikroklimatische Verhältnisse für wärmebedürftige Fledermauskinder zu bieten. Diese wachsen nämlich bei höheren Temperaturen schneller heran, vorausgesetzt es ist genügend Nahrung für die Mütter und damit genügend Muttermilch vorhanden.

Dachstühle von Kirchen oder anderen Gebäuden sind also für ansonsten höhlenbewohnende Arten interessante Wochenstubenquartiere im kühlen Mitteleuropa. Dachstühle sind geräumig, einigermaßen dunkel und im Sommer eben schön warm. Sie bieten meist ein ganzes Spektrum an Temperaturen an, von heißen Stellen direkt an sonnenbestrahlten Ziegeln bis zu etwas kühleren Plätzen im Gebälk tiefer im Dachstuhl. Fledermäuse nutzen dieses Angebot abgestufter Temperaturen und hängen sich je nach Bedarf und Wetterlage an die wärmstmöglichen oder, falls es im Hochsommer zu heiß wird, an kühlere Orte.

Mausohrwochenstube unter einem Kirchendach.

Bestimmte Fledermausarten wird man zur Wochenstubenzeit weder in südeuropäischen Höhlen noch in Kirchtürmen hierzulande antreffen. Ebenso wie die einzelnen Fledermausarten auf verschiedene Jagdhabitate spezialisiert sind, zeigen sie auch bei der Quartierwahl arttypische Vorlieben. Die Bechsteinfledermaus hat ihre Wochenstuben in Baumhöhlen; alte Spechthöhlen z. B. sind für sie geeignete Quartiere. Ähnliche Bedingungen findet sie in Vogelkästen oder Rundkästen für Fledermäuse, wenn diese in Waldgebieten ausgehängt sind. Die Mopsfledermaus bevorzugt engere Höhlungen und Spalten, wie man sie hinter abgeplatzter Rinde großer Bäume, aber z. B. auch zwischen der gedoppelten Wandung von Holzhütten vorfindet. Auch Zwergfledermäuse haben ihre Wochenstuben gerne in Spaltenquartieren und sind deshalb hinter Verschalungen oder Fensterläden zu finden; Einzeltiere trifft man ebenso in

Flachkästen für Fledermäuse an. Die Spezialisierung einzelner Arten auf bestimmte Quartiertypen und auf bestimmte Jagdhabitate oder Beute trägt dazu bei, die Konkurrenz zwischen den verschiedenen Arten gering zu halten. Wahrscheinlich ist diese Konkurrenzvermeidung einer der Gründe dafür, dass viele Fledermausarten in einem Gebiet gemeinsam vorkommen können. Jede Art, und das gilt natürlich über die Fledermäuse hinaus, hat ihre spezifischen Ansprüche, ihre spezifische ökologische Nische. Es entsteht ein komplexes, artenreiches Gefüge. Folge der Spezialisierung auf bestimmte Lebensgrundlagen ist aber auch eine hohe Verletzlichkeit durch schnelle, diese Lebensgrundlagen betreffende Umweltveränderungen, wie der Mensch sie vielfach herbeiführt.

Zurück zu den Wochenstubengemeinschaften. Ob sie nun in Felshöhlen, Spalten oder ausgedienten Spechthöhlen hängen, sie umfassen immer viele Fledermausweibchen. Die Wochenstubengröße kann je nach Art und Situation zwischen einem oder wenigen Dutzend und, wie in oben genannten Extremfällen, weit über 10 000 Tieren liegen. Tagsüber hängen die Weibchen zusammen, nachts aber fliegen sie allein in ihre Jagdgebiete.

Natürlich können nicht alle Weibchen einer Wochenstube

Dachstühle von Kirchen werden von einigen Fledermausarten hier in Mitteleuropa als geräumiger, warmer Höhlenersatz für die Jungenaufzucht im Sommer genutzt.

im gleichen Gebiet jagen, sonst wäre bald keine Beute mehr da. Jede Fledermaus hat ein oder mehrere individuelle Jagdgebiete, die sie meist Nacht für Nacht aufsucht. Diese individuellen Jagdgebiete sollten sich nicht zu sehr überlappen und einigermaßen gleichmäßig über die für die betreffende Fledermausart brauchbaren Landschaftsabschnitte in der Umgebung des Wochenstubenquartiers verteilt sein. Aus dieser Überlegung folgt, dass der Einzugsbereich der Jagdgebiete umso größer sein muss, je mehr Tiere einer Wochenstube angehören. Die einzelne Fledermaus muss damit im Durchschnitt weiter fliegen. Fransenfledermäuse aus einer Wochenstubengemeinschaft von vielleicht 50 Weibchen fliegen ca. 3 km zu ihren Jagdgebieten. Große Mausohren, die deutlich individuenreichere Wochenstuben, aber auch deutlich größere Körper und Flügel haben, können leicht 10–20 km zurücklegen, um von der Wochenstube zum Jagdgebiet zu gelangen. Teilweise unterbrechen die Weibchen sogar die Jagd und kommen nachts zurück, um die Jungtiere zu säugen. Da kommt allein für den Flug vom und zum Jagdgebiet ein ganz enormer Zeit- und Kraftaufwand zusammen. Dieser Aufwand ist der Preis für das Leben in einer großen Wochenstubengemeinschaft. Wenn die Fledermäuse bereit sind, diesen Preis zu zahlen, muss die Wochenstube gegenüber dem solitären Leben deutliche Vorteile bieten. Aber welche?

Zunächst: die Masse wärmt. Die Weibchen wärmen sich gegenseitig und sie wärmen die Jungtiere. In großen Wochenstuben sind die Jungen nachts selten ganz allein. Irgendein Weibchen ist immer da und verbreitet ein bisschen Wärme. Außerdem ist es natürlich wachsam gegen eventuelle Gefahr. Zwar haben die einzelnen Weibchen hauptsächlich Interesse am Wohlergehen ihrer eigenen Jungen, aber davon können auch die anderen profitieren. Des Weiteren sind Fledermäuse ja sehr langlebige Kleinsäuger und da ist es durchaus vorstellbar, dass sich zwischen einzelnen Indivi-

duen eine besondere Beziehung ausbildet, die man, sehr vermenschlichend(!), Freundschaft nennen könnte. Vielleicht wärmen sich solche »Freundinnen« häufiger gegenseitig und vielleicht passen sie auch mal auf das Jungtier der »Freundin« auf oder zeigen sich gegenseitig interessante Jagdgebiete und Ausweichquartiere.
Die Erforschung des Soziallebens der Fledermäuse ist methodisch äußerst schwierig und steht noch ganz an ihrem Anfang. Erste Ergebnisse sind viel versprechend und lassen Antworten auf viele spannende Fragen nach dem Leben in den und um die Wochenstuben erhoffen.

Eine kleine Fledermaus wächst heran

Nun wollen wir uns noch einmal den jungen Fledermäusen zuwenden. Im Juni oder Juli bringen die Weibchen je nach Art 1 oder höchstens 2 Junge zur Welt. In den bevorzugten Geburtspositionen unterscheiden sich die Fledermausarten. Manche gebären kopfunter, also in normaler Fledermausposition. Andere drehen sich mit dem Kopf nach oben oder sie hängen mit allen vieren waagerecht am Wochenstubendach. Die Schwanzflughaut dient als Auffangtuch und die Nabelschnur als Sicherungsleine, damit das Neugeborene nicht zu Boden fällt. Die Jungen kommen meist nackt und mit noch geschlossenen Augen zur Welt. Für uns Menschen erscheinen sie winzig, aber im Vergleich zu ihrer Mutter bringen sie bis zu einem Drittel von deren Körpergewicht auf die Waage. Die Füße und auch die Daumenkralle sind schon auffällig groß. So können sich die Jungtiere sofort selbst an der Mutter oder dem Quartierdach festhalten.
Bald nach der Geburt werden sie das erste Mal gesäugt. Die Alttiere nehmen die Jungen für gewöhnlich nicht mit auf ihre nächtlichen Jagdflüge, sondern lassen sie in den Wochenstubenquartieren zurück. Deshalb müssen die Jungen vom ersten Tag an in der Lage sein, sich selbst am Quartierdach festzuhalten. Wenn die Mütter zurückkommen, erkennen sie an Geruch und Stimme ihr Junges inmitten der vielen anderen wieder und begrüßen es, wie nebenstehend auf dem Foto das Fransenfledermausweibchen.
Manchmal ziehen einzelne Weibchen oder eine ganze Wochenstube um, wenn das Quartier nass oder brüchig wird oder wenn Parasiten (Milben, Fledermausfliegen) überhand nehmen. Dann nehmen die Alttiere ihre Jungen mit, selbst wenn sie schon halb so schwer sind wie die Mutter selbst. Diese klammern sich mit Füßen und Daumenkrallen an der Mutter fest und verbeißen sich an einer Zitze. Hufeisennasen verfügen für den Jungentransport zusätzlich über spezielle »Haftzitzen«, die gar keine Milch geben.
Wenn das Wetter gut und das

Eine Fransenfledermausmutter begrüßt ihr Junges.

Kann man in seiner Nähe Fledermäuse ansiedeln?

Wo es im Sommer an natürlichen Fledermausquartieren mangelt, kann man künstlichen Ersatz anbieten. Selbstverständlich wäre es erstrebenswerter, natürliche Quartiere zu schaffen, indem man alte Bäume mit Spechthöhlen und abgeplatzter Rinde erhält. Wo unsere Wälder nicht nur nach Wirtschaftlichkeitskriterien beforstet werden, bieten sie den Fledermäusen und vielen anderen Tieren in Alt- und Totholz reichlich Wohnraum. Das ist leider selten genug der Fall. In Gebieten, die Fledermäusen zwar genügend Nahrung, aber wenig Quartiermöglichkeiten bieten, kann es sinnvoll sein, dieser Wohnungsnot gezielt entgegenzuwirken.

Im Fachhandel sind verschiedene Typen von Fledermauskästen erhältlich, die aus Holzbeton gefertigt werden (Bezugsadressen siehe Anhang). **Rundkästen** *sind natürlichen Baumhöhlen nachempfunden: Eine Einschlupfröhre im unteren Teil mündet in einen Innenraum mit hoher Kuppel, der der ausgefaulten Kuppel alter Spechthöhlen entspricht. Dort finden dicht an dicht bis zu 40 Fledermäuse Platz. Der Kot der Tiere sammelt sich unter der Einflugröhre und sollte jeden Herbst bei einer Kastenkontrolle entfernt werden. Rundkästen werden gerne von Baumhöhlen bewohnenden Fledermäusen wie Bechstein-, Fransen- und Langohrfledermäusen angenommen. Entsprechend sollten sie in altholzarmen Wäldern, Streuobstwiesen, Parklandschaften oder auch in naturnahen Gärten mit Baumbestand aufgehängt werden. Bitte an Bäumen nur Aluminiumnägel verwenden, weil Stahlnägel schnell rosten und, wenn sie in Bäumen stecken bleiben, im Sägewerk die Sägeblätter beschädigen können.*

Flachkasten.

Flachkästen *bieten Quartier für Spalten bewohnende Arten, die natürlicherweise hinter abstehender Rinde oder in geeigneten Felsspalten hängen. Sie können daher sowohl in Baumbeständen als auch an Gebäuden angeboten werden. Der Fledermauskot fällt unten aus der spaltförmigen Einflugöffnung heraus; d. h. sie sind nicht reinigungsbedürftig.*

Flachkästen kann man aus ungehobelten Brettern von ca. 2 cm Stärke auch relativ einfach selbst bauen. Die nebenstehende Skizze gibt dafür einen Vorschlag. Die Bretter dürfen nicht imprägniert sein, weil Holzschutzmittel für die Fledermäuse gefährlich sein können. Die Kästen drohen dann aber schnell zu verwittern und damit feucht und für Fledermäuse unattraktiv zu werden. Dem kann man vorbeugen, wenn man sie von außen mit einer ungiftigen Lasur wie z. B. Leinöl einlässt.

Rundkasten.

Fledermäuse beziehen zwar auch Vogelkästen, sind dort aber anders als bei den speziellen Fledermauskästen der Wohnraumkonkurrenz mit den gefiederten Interessenten ausgesetzt. Letztere sind nämlich für Vögel zur Brut ungeeignet. Lediglich in Rundkästen übernachtet ab und zu eine Meise. Sicher vor Mardern und Katzen hängen die Fledermäuse in den meisten Fledermauskasten-Typen, nicht aber in Vogelkästen. Beim Aufhängen aller Kästen sollte man darauf achten, dass unmittelbar neben der Einflugöffnung kein Sitzplatz für vierbeinige Fledermausliebhaber ist. So manche Katze hat schon einen Quartiereingang entdeckt und »belagert«: Ein- und ausfliegende Fledermäuse werden mit einem gezielten Hieb des Pfötchens aus der Luft geschlagen ... Bei dem beharrlichen

»Spieltrieb« unserer Zivilisations-Sofatiger kann das das Ende der Wochenstube bedeuten.
Generell sollte man die Kästen hoch genug anbringen, damit sie außer Reichweite von spielenden Kindern oder neugierigen Spaziergängern sind, die die Fledermäuse stören könnten. Wenn man mehrere Kästen aufhängen kann, ist es gut, verschieden besonnte Plätze zu wählen. Dann können die Tiere ihren wechselnden Temperaturansprüchen entsprechend im Frühjahr sonnig-warme und im Sommer etwas kühlere Kästen wählen. Ohnehin wechseln viele Arten gerne alle paar Tage das Quartier. Für sie ist ein Quartierverbund aus mehreren Kästen ideal.
Kasten und Einflugöffnung sollten nicht von Ästen, Blattwerk oder Strauchschicht verborgen sein. So wird der neue Hangplatz besser gefunden und die Tiere können leichter ein- und ausfliegen.
Werden neue Kästen schnell von Fledermäusen angenommen? In Gebieten, in denen eine starke Fledermauspopulation bereits einen Quartierverbund nutzt, kann ein neuer Kasten bereits nach 2 Wochen bezogen sein. Wenn Kästen zusätzlich zu (unbekannten) Naturquartieren angeboten werden, kann eine Fledermauspopulation »sichtbar« gemacht werden, wenn sie die neuen Kästen in ihren Quartierverbund mit einbezieht. In einem anderen Areal, in dem – vielleicht aus Mangel an lukrativen Jagdgebieten – kaum Fledermäuse vorkommen, mag ein neu angebotenes Quartier 10 Jahre unbesetzt bleiben. Es ist also wichtig, der Wohnungsnot der Fledermäuse da Abhilfe zu schaffen, wo sie besteht, d. h. wo die anderen Lebensbedingungen stimmen.
Nicht nur in Wald und Garten können wir Fledermausquartiere schaffen. Auch in Häusern gilt es, bestehende Quartiere zu erhalten und neue anzubieten. Darüber gibt Markus Dietz in dem Experteninterview »Fledermausfreundlich bauen und renovieren« ab Seite 84 Auskunft.

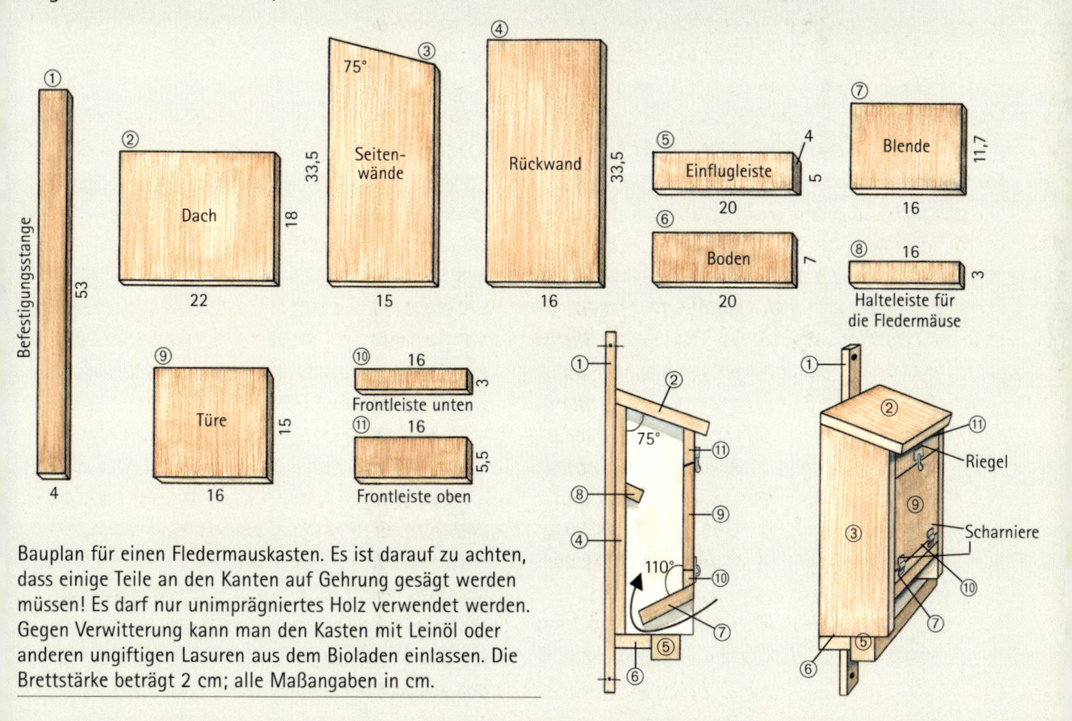

Bauplan für einen Fledermauskasten. Es ist darauf zu achten, dass einige Teile an den Kanten auf Gehrung gesägt werden müssen! Es darf nur unimprägniertes Holz verwendet werden. Gegen Verwitterung kann man den Kasten mit Leinöl oder anderen ungiftigen Lasuren aus dem Bioladen einlassen. Die Brettstärke beträgt 2 cm; alle Maßangaben in cm.

Mückenfledermäuse gebären wie die anderen *Pipistrellus*-Arten meistens Zwillinge.

Nahrungsangebot für die Alttiere reichlich ist, wachsen die Jungen dank der fetten Muttermilch schnell heran. Die Wärme der vielen in der Wochenstube versammelten Tiere tut ein Übriges. Wenn jedoch kaltes, regnerisches Sommerwetter die Insektenjagd erschwert, wird es hart für Alt- wie für Jungtiere. Dann ist Energiesparen die oberste Devise, sonst sind die knappen Fettreserven schnell verbraucht und es droht der Tod.

Wie vorn schon erwähnt, können Fledermäuse in Tagesschlaflethargie verfallen, in der sie nur noch zu sehr bedächtigen Reaktionen fähig sind. In Tagesschlaflethargie arbeitet der gesamte Organismus auf Sparflamme und verbraucht sehr wenig Energie; Körpertemperatur und Herzschlag sinken stark ab. Jungtiere in Tagesschlaflethargie wachsen natürlich nicht oder kaum, aber sie sterben immerhin nicht sofort, wenn es für 2 oder 3 Tage keine Muttermilch für sie gibt.

In sehr kritischen, milchlosen Zeiten trennen Fledermausweibchen ihre Jungen sogar manchmal vom Rest der wärmenden Wochenstube und hängen sie einzeln und kühl. So können sie besser in den lethargischen, abgekühlten Zustand verfallen und mit ihren letzten Reserven einen längeren Zeitraum durchstehen, als wenn sie wärmer hängen und Stoffwechsel und Wachstum zu schnell die knapp bemessenen Notreserven aufbrauchen.

Finger- und Mittelhandknochen und damit die Handflügel sind bei Neugeborenen noch verhältnismäßig klein. Im Laufe der Entwicklung verschieben sich die Proportionen und die Flügel nehmen nach und nach Erwachsenengröße und -form an. Wenn alles gut geht, erlangen die Jungtiere in nur 4–8 Wochen die Flugfähigkeit.

Auch die Echoortung entwickelt sich in dieser Zeit. Mutter und Jungtier kommunizieren mit allerhand Soziallauten und so trainieren die Kleinen die Lauterzeugung. Aus einem bestimmten Lauttypus formen sie nach und nach Signale, die den Ortungssignalen der Alttiere immer ähnlicher sind. Die Grundmuster von Flug und Echoortung sind angeboren. Dennoch muss so eine junge Fledermaus, die sich im Juli oder August auf ihre

ersten Ausflüge wagt, noch sehr viel lernen, bis sie so sicher, schnell und wendig durch die Nacht fliegen kann wie ihre Mutter. Im Laufe der Zeit schult sie sich in einem Zusammenspiel von angeborenem Verhalten, Ausprobieren und Dazulernen.
Während der ersten 2 Wochen ungefähr, die die Jungtiere bereits nachts ausfliegen und ihr Jagdglück versuchen, steht die mütterliche Zitze noch als Notnagel zur Verfügung. Danach sind sie auf sich selbst gestellt. Häufig verlassen die Weibchen die Wochenstubenquartiere, wenn die Jungen entwöhnt sind. Letztere bleiben noch eine Weile und machen sich dann ebenfalls auf in den rätselhaften Fledermausherbst, der im nächsten Kapitel vorgestellt wird.
Die weiblichen Jungtiere kommen, wenn sie den ersten Winter überleben, häufig im nächsten Jahr in ihre Geburtswochenstube zurück. Dort werden sie, meist im zweiten Jahr, selbst Junge bekommen. So kommt es, dass Wochenstubengesellschaften oft aus sehr nahe verwandten Weibchen bestehen: Großmütter und Großtanten, Mütter, Tanten, Töchter und Nichten, die über Jahre ihr Reproduktionsgeschäft gemeinsam verbringen. Gerade unter nahen Verwandten ist gegenseitiges Helfen denkbar, wie es oben und vermenschlicht für »Fledermausfreundinnen« beschrieben wurde. Sicher hält die Soziobiologie der Fledermäuse noch spannende, bisher ungeklärte Fragen bereit ...

Was machen die Männchen im Sommer?

Bisher war nur von Weibchen und Jungtieren die Rede. Was aber machen die Fledermausmännchen im Sommer? Sie sind an der Jungenaufzucht in keiner Weise beteiligt. Manchmal halten sich dennoch Männchen in oder am Rande von Wochenstuben auf. Männchen von Bechstein- und Fransenfledermäusen sind im Sommer gelegentlich einzeln oder in kleinen Gruppen in Fledermaus- und Vogelkästen anzutreffen. Wasser- und Teichfledermausmännchen finden sich sommers in Gruppen von mehreren Dutzend Tieren zusammen. Ein solches Männchenquartier der Teichfledermaus wird in dem Kasten »Bei uns wohnen Fledermäuse unterm Dach« auf der nächsten Seite vorgestellt.
Gemäß den für Wochenstuben angestellten Überlegungen sind längere Anflugwege zu den Jagdgebieten auch eine Folge der Bildung großer Männchengruppen. Wo solche Gruppen existieren, müssen auch entsprechende Vorteile wie z. B. gegenseitiges Wärmen oder Informationsaustausch locken. Über das Sommerleben und die Gruppenbildung von Fledermausmännchen ist aber bisher sehr wenig bekannt.

Zwei Abendseglermännchen im Sommerquartier, einem Fledermaus-Rundkasten.

Bei uns wohnen Fledermäuse unterm Dach

Im Landkreis Nienburg, unweit der Weser, liegt malerisch am Waldrand ein kleines Dorf mit roten Backsteinhäusern. Eines der Häuser beherbergt eine Besonderheit: eines der wenigen Sommerquartiere von Teichfledermäusen, die man in Deutschland kennt. Interessanterweise handelt es sich um ein reines Männchenquartier. Entdeckt haben das Quartier in akribischer Nachtarbeit Gerhard Michael und Alfred Benk von der Arbeitsgemeinschaft Zoologische Heimatforschung Niedersachsen (AZHN e. V.). Betreut wird es von Gerhard Michael; Hausbesitzer und sozusagen Quartiergeber für die Fledermäuse ist Walter Milius.

FRAGE: *Herr Michael, wie haben Sie dieses Quartier der in Deutschland sehr seltenen Teichfledermaus gefunden?*

GERHARD MICHAEL: *Die Teichfledermäuse selbst habe ich 1994 am Flüsschen »Aue« unweit der Mündung in die Weser entdeckt. Es waren um die 50 Tiere, die in Richtung Weser flogen. An vielen Abenden liefen wir den in die Aue einfliegenden Fledermäusen entgegen. So verfolgten wir mit vielen Helfern den Flugweg zurück und entdeckten 1 Jahr später tatsächlich das Quartier.*

Am ersten Pfingsttag 1995 ging ich auf das Grundstück und sprach jemanden an, der auf dem Balkon stand, und fragte ihn, wer der Hausbesitzer sei. Das war Walter Milius. Meine Frage war, ob ich das Grundstück betreten dürfe, um mit dem Bat-Detektor das im Haus befindliche Quartier endgültig feststellen zu können. Am selben Abend entdeckten wir die Teichfledermäuse, die sich in der Giebelwand aufhielten.

FRAGE: *Können Sie angeben, wie wichtig das Quartier für die lokale Population ist?*

GERHARD MICHAEL: *Das Fledermausquartier ist äußerst wichtig, da bisher im ganzen Landkreis keine Teichfledermäuse nachgewiesen werden konnten. Erst Jahre später wurde in weiter Entfernung eine große Wochenstube der Teichfledermaus von uns gefunden. Es liegt nahe, dass die Teichfledermaus-Quartiere miteinander in Verbindung stehen, also ein Austausch von Tieren stattfindet. Alljährlich wird das Quartier im Durchschnitt von ca. 50 Fledermäusen während der Sommermonate genutzt. Es ist also ein reines Sommerquartier. In Abstimmung mit den Naturschutzbehörden haben wir Tiere mit Japannetzen abgefangen und festgestellt, dass es nur Männchen der Teichfledermaus sind.*

Ich habe den Hausbesitzer darüber informiert, dass dieses Fledermausquartier einmalig ist und nicht durch bauliche Maßnahmen verschlossen werden dürfe. Walter Milius hat davon abgesehen, die Dachtraufe zu verschalen. Dafür sind wir und die Fledermäuse dankbar.

Das Quartier habe ich zur zentralen Erfassung auch der Unteren Naturschutzbehörde gemeldet.

FRAGE: *Herr Milius, hatten Sie die Fledermäuse denn schon bemerkt, bevor Herr Michael Sie auf die Tiere aufmerksam machte?*

WALTER MILIUS: *Oh ja, ich hatte schon eine in der Wohnung, im Schlafzimmer. Meine Frau und meine Tochter waren erschrocken. Ich habe sie gefangen und nach draußen gelassen. Das war mindestens 10 Jahre vorher. Ich hatte diese Köttel an der Hauswand bemerkt und gedacht, die stammten von Mäusen, die in der Giebelwand wohnen. Immer wenn es abends dunkel und morgens hell wurde, hörten wir das Krabbeln oder Nagen. Das hörte sich wirklich an, als wenn Mäuse nagen. Wir hatten schon die Schränke von der Wand abgerückt und nach Mäuselöchern gesucht. Kein Loch war zu sehen. Dann kam Gerhard Michael und sagte, dass er Fledermäuse in meinem Haus vermutet. Tatsächlich sind also die Fledermäuse die Giebelwandbewohner; und die Urheber der »Mäuse-Köttel«. Da waren wir beruhigt und konnten auch wieder ruhig schlafen.*

FRAGE: *Sind Sie stolz, Quartiergeber für Fledermäuse zu sein?*

WALTER MILIUS: *Ja, sehr stolz. Ich habe ja überhaupt erst durch Herrn Michael erfahren, dass Fledermäuse reine Insektenfresser sind. Nun weiß ich, dass es sehr seltene und nützliche Tiere sind. Ich spreche mit meinen Nachbarn darüber und lasse sie an meiner Freude teilhaben.*

FRAGE: *Was bekommen Sie in Ihrem Alltagsleben von den Fledermäusen mit?*

WALTER MILIUS: *Wenn wir Fenster putzen, befindet sich immer Fledermauskot, diese Köttel, an der Wand und auf der Fensterbank. Das macht aber nichts. Wir fegen sie einfach ins Rosenbeet; das düngt gut.*

FRAGE: *Bleiben Sie nachts auch mal länger auf oder versuchen Sie, noch vor Anbruch der Morgendämmerung einfliegende und um Ihr Haus schwärmende Fledermäuse zu beobachten?*

WALTER MILIUS: *Ich sitze abends dann draußen und beobachte, wenn sie ausfliegen, und auch schon morgens früh, um den Einflug zu beobachten. Sie fliegen manchmal so dicht an mir vorbei, dass ich schon dachte, meine Brille falle herunter. Jupp, jupp, ich kann die gar nicht zählen, so schnell geht das, wenn sie kommen.*

FRAGE: *Fühlen Sie sich in irgendeiner Weise von Ihren fliegenden Mitbewohnern gestört?*

WALTER MILIUS: *Nein, im Gegenteil, seitdem ich von Herrn Michael weiß, wie wichtig diese Tiere sind, sehe ich das ganz anders.*

FRAGE: *Ist im Dorf bekannt, was für eine Besonderheit Sie hier unter Ihrem Dach beherbergen?*

WALTER MILIUS: *Oh ja, dafür habe ich gesorgt. Ich habe ihnen erklärt, dass es in ihrem nächsten Umkreis kein anderes Quartier gibt. Auch die Kinder der Nachbarn interessieren sich schon für »meine« Fledermäuse.*

Glück hat, wer in so unbelasteter Natur wohnt, dass Fledermäuse als »Untermieter« in Mauerritzen, unter die Dachverschalung oder unter dem Giebel einziehen. Diese hungrigen Mitbewohner »verwandeln« lästige Insekten in guten Rosendünger (Fledermauskot)...

Der rätselhafte Herbst

Wenn die jungen Fledermäuse fliegen können und selbstständig sind, verlassen die Mütter nach und nach die Wochenstubenquartiere. Die Jungtiere bleiben manchmal noch ein bisschen und ziehen dann auch in den Herbst. Die Wochenstubenquartiere der Wimper- und auch der Großen Bartfledermäuse leeren sich, zumindest in Süddeutschland, bereits Ende Juli.

Oft verschwindet das Gros der Tiere ziemlich schlagartig. Die Besatzdichten der Mausohrquartiere brechen vielerorts im August stark ein, und Bechsteinfledermäuse sind noch bis in den September hinein in den Fledermauskästen anzutreffen, in denen sie auch ihre Wochenstuben hatten. Irgendwann im Herbst sind dann auch sie verschwunden. Noch ist es aber nicht Zeit, den Winterschlaf anzutreten. Was also machen die Fledermäuse im Herbst?

Eine sehr wichtige Herbstaufgabe für jede europäische Fledermaus ist es natürlich, sich ein Fettpolster anzufressen, um den langen Winter dann ganz oder fast nahrungslos zu überstehen. Das bedeutet jagen, jagen und nochmals jagen. Besonders die noch unerfahrenen Jungtiere müssen sich anstrengen, um sich für ihren ersten Winter ausreichend zu wappnen. Vielleicht bleiben sie deshalb etwas länger als die Mütter in der vertrauten Umgebung ihrer Geburtswochenstube.

Außerdem steht für die Diesjährigen das herbstliche Fortpflanzungsgeschehen zumeist noch nicht auf dem Programm, das die Alttiere »in die Ferne« lockt.

Bechsteinfledermaus trinkt an einem Teich.

Quartierinspektion – das große Schwärmen

Der meist ehrenamtlichen Arbeit vieler engagierter FledermausschützerInnen ist es zu verdanken, dass man von etlichen Sommer- und Winterquartieren inzwischen recht genau weiß, wie lange sich wie viele Tiere dort aufhalten. Über die Nutzung von Quartieren im Herbst ist viel weniger bekannt. Erst in den letzten Jahren hat man einem interessanten und kaum bekannten Phänomen mehr Aufmerksamkeit geschenkt: Im Herbst tauchen an verschiedenen Höhlen plötzlich mehrere hundert oder gar mehrere tausend Fledermäuse auf. Manchmal bleiben die Tiere nur für wenige Tage dort. In großer Zahl schwärmen und kreisen sie in der Höhle; manchmal auch davor. Bisher ist es noch völlig unverstanden, warum die Fledermäuse ausgerechnet an diesen wenigen Tagen an einer Stelle, sozusagen wie verabredet auftreten. Man muss Glück haben, um Zeuge dieses großen, herbstlichen Fledermausschwärmens zu werden.

Was ist die Funktion solcher großen »Fledermaustreffen«? Besichtigen die Tiere einfach gemeinsam potenzielle Winterquartiere? Das erscheint als eine

Oberste Devise im Herbst: fressen, fressen, fressen für den Winterspeck (Bechsteinfledermaus).

Erklärungsmöglichkeit, weil viele dieser Schwärm-Höhlen einige Wochen später tatsächlich von Fledermäusen zum Winterschlaf genutzt werden. Meist ist aber nicht klar, ob es sich wirklich um Tiere handelt, die dort auch herbstlich geschwärmt haben. Lernen hier vielleicht Fledermäuse ihre weitere Umgebung kennen und prüfen, angelockt von vielen Artgenossen, althergebrachte Überwinterungsplätze? Bauen hier Jungtiere in ihrem ersten Herbst durch Erkundungsflüge eine immer genauere und weiter reichende Umgebungskenntnis auf? Fledermäuse sind Traditionstiere, die an bestimmten Quartieren ein Leben lang und sogar über viele Generationen hinweg festhalten. Wo geeignete Quartiere liegen, könnten Jungtiere von Alttieren und auch die Alttiere voneinander beim großen Schwärmen lernen. Denkbar ist auch, dass das Schwärmen im Zusammenhang mit der Fortpflanzung steht. Einzelne Männchen von Großen Mausohren, Wasser- und Fransenfledermäusen haben ihre Paarungsquartiere, von denen weiter unten noch die Rede sein wird, in solchen herbstlichen Höhlen. Oder sind vielleicht auch ziehende Fledermäuse beteiligt, die auf dem Weg nach Süden an den Schwärmplätzen Zwischenstation machen?

Ende Juli, Anfang August löst sich diese Wochenstube von Wimperfledermäusen auf, verlässt den gastlichen, warmen Kuhstall und die Tiere ziehen in den herannahenden Herbst.

»Zugfledermäuse«

Etliche Vögel ziehen im Winter, wenn es nichts mehr zu fressen gibt, aus Europa fort nach Afrika. Es ist sogar wahrscheinlich, dass viele unserer Zugvögel ursprünglich tropische Arten sind, die jetzt das reiche Nahrungsangebot des europäischen Sommers zur Brut und Jungenaufzucht nutzen. Auch bei den Fledermäusen gibt es einige ziehende Arten. Die Zugbewegungen spielen sich anders als bei den Zugvögeln aber meist innerhalb Europas ab. Die weitesten nachgewiesenen Zugstrecken europäischer Fledermäuse liegen daher auch um die 2000 km, wohingegen unsere heimischen Mehlschwalben leicht 5000 km von den Sommer- zu den Winterplätzen im tropischen Afrika fliegen. Der Grund für das Zugverhalten bei Fledermäusen ist dem der Vögel ähnlich: in Nordosteuropa und in Skandinavien locken kurze, aber sehr insektenreiche Sommer. Der reich gedeckte Tisch ist willkommene Hilfe bei der Jungenaufzucht; er

endet aber früh im Jahr. Der kalte Herbst, der lange nordische Winter und der Mangel an geeigneten Winterquartieren treiben die Fledermäuse nach Süden und Südwesten.
Das ausgeprägteste Zugverhalten ist vom Abendsegler und von der Rauhautfledermaus bekannt. Tiere, die in Winterquartieren in Holland und bei Dresden beringt wurden, hat man im Sommer in Nordpolen und im Baltikum wieder gefunden. Abendsegler, die an der deutsch-polnischen Grenze ihre Wochenstuben haben, hielten Winterschlaf in der Westschweiz. Im Herbst kann man mit viel Glück Massenansammlungen von Abendseglern beobachten. Über dem Stuttgarter Max-Eyth-See z. B. jagen bei solcher Gelegenheit für ein oder zwei Tage weit über hundert Abendsegler; dann sind sie wieder verschwunden. Diese Massenansammlungen werden als Indiz für Zugbewegungen gedeutet. Es ist aber nicht völlig klar, ob alle Tiere eine Zugrichtung verfolgen oder schlicht herbstlich »herumvagabundieren«. Abendsegler sind schnelle Langstreckenflieger und wahrscheinlich können sie es sich leisten, für ein wirklich gutes Jagdgebiet mit warmem, insektenreichem Herbstwetter ein paar hundert Kilometer »Anreise« in Kauf zu nehmen.
Bei den Rauhautfledermäusen und Abendseglern gibt es Hinweise darauf, dass hauptsächlich weibliche Tiere den Sommer im Nordosten verbringen. Viele Männchen der Rauhautfledermaus bleiben den Sommer über in der Nähe ihrer mitteleuropäischen Winterquartiere. Wenn die Weibchen und die Jungtiere im Herbst in Richtung Südwesten unterwegs sind, kommen ihnen einzelne Männchen sogar entgegen. Vielleicht lockt sie weniger das Insektenangebot zur Wanderung, sondern, zu Beginn der herbstlichen Paarungszeit, vielmehr die rückkehrenden Fledermausdamen …
Die meisten anderen europäischen Fledermausarten ziehen weit weniger. Einige, wie z. B. das Große Mausohr, können je nach Nahrungs- und Quartierangebot zur Not auch bis zu mehreren

Abendsegler legen im Herbst weite Strecken zurück, um noch spät im Jahr ertragreiche Jagdgründe, Balzplätze und später dann Winterquartiere (oft in Baumhöhlen) aufzusuchen.

hundert Kilometern zwischen Sommer- und Wintergebieten zurücklegen. Viele andere Arten sind sehr standorttreu und ziehen überhaupt nicht. Ihre Winterquartiere liegen weniger als 50 km von den Sommerquartieren entfernt. Kleine Hufeisennasen beziehen Winterquartiere in weniger als 10 km Distanz von den Wochenstubenquartieren, bei Langohrfledermäusen sind es häufig nicht einmal 5 km Entfernung.

Minnesänger und Draufgänger

Der Spätsommer oder Herbst ist auch Beginn der Paarungszeit für die Fledermäuse. Nun treten die Männchen auf den Plan, nachdem sie den ganzen Sommer über am Geschehen in den Wochenstuben völlig unbeteiligt waren. Zur Balzzeit beziehen sie ihre Paarungsquartiere und werben um Weibchen. Die Männchen einiger Arten entpuppen sich dabei als wahre Minnesänger. Sie bringen im Fluge ihre Balzgesänge dar.
Meist liegen diese Gesänge wie die Ortungslaute auch im Ultraschallbereich und sind daher für uns ohne Fledermausdetektor gar nicht hörbar. Manche der Balzlaute reichen jedoch bis in für uns hörbare Frequenzbereiche hinab. So kann man in lauen Herbstnächten balzende Zwergfledermäuse finden, die mit einem hohen Zwitschern hin und her fliegen. Zwischen den Balzlauten werden natürlich auch Echoortungssignale ausgestoßen, sonst würde die liebeshungrige Fledermaus ihre Umwelt ja nicht mehr wahrnehmen können. Das könnte im Flug fatale Folgen haben ...
Die Balzlaute der Fledermäuse sind dazu gedacht, Paarungspartnerinnen anzulocken. Deshalb sind sie wohl wesentlich arttypischer als die Echoortungslaute, die ja der Umweltwahrnehmung dienen.
Die Balzlaute der Fledermäuse entsprechen in ihrer Funktion ungefähr dem Vogelgesang, der Weibchen auf den Plan rufen soll und darüber hinaus auch noch ein Revier gegenüber anderen Männchen absteckt.

Baumhöhlen wie diese wählen Abendsegler gerne als herbstliches Balz- und Paarungsquartier.

Abendsegler suchen sich Baumhöhlen als Paarungsquartiere. Sie lassen ihre Balzrufe teils auch aus diesen Höhlen heraus hören. Große Mausohren halten sich in Höhleneingängen, Fledermauskästen, Brückenverschalungen oder am Rande sich auflösender Wochenstuben paarungsbereit. Die Fledermausmännchen verteidigen ihr Paarungsquartier und zumeist auch darum herum ein Revier gegen Geschlechtsgenossen. Wenn sich interessierte Weibchen einfinden, nimmt das Männchen sie für eine oder ein paar Nächte in eine Art Harem auf. Erfolgreiche Minnesänger können 5 und mehr Weibchen um sich scharen, mit denen sie sich paaren.
Den Weibchen steht es aber jederzeit frei, den »Harem« zu verlassen. Sie wählen die Männchen aus, die ihnen aufgrund deren Balz und Werbung am besten gefallen. Von Weibchen der Großen Hufeisennase weiß man aus genetischen Untersuchungen, dass sie ein bestimmtes Männchen in mehreren Jahren zum Vater ihrer Kinder gewählt haben. Vielleicht waren sie mit dem Vater oder auch mit dem von ihm gezeugten Nachwuchs besonders »zufrieden«.
Abendseglerweibchen paaren sich im Verlauf des Herbstes mit mehreren Männchen, die sie eines nach dem anderen in ihren Baumhöhlen aufsuchen. So kann es, allerdings nur in seltenen

Fällen, passieren, dass die Abendseglerzwillinge, die im nächsten Jahr geboren werden, zwei verschiedene Väter haben. Bei manchen Arten erstreckt sich die Paarungszeit bis in den Winter oder in seltenen Fällen sogar ins Frühjahr hinein. In den Winterquartieren kommen Fledermausmännchen manchmal auch ohne Gesang und Werbung zum Zug. Man hat z. B. Wasserfledermäuse gefunden, die mit winterschlafenden Weibchen kopulieren. Das ist natürlich ein eleganter Weg, die Mühen der Balz und vor allem die »Damenwahl« zu umgehen. Ein kaum bewegungsfähiges Weibchen im

In einem Brückenspalt hat ein männliches Großes Mausohr sein Paarungsquartier bezogen. Wenn die Balz besonders erfolgreich verläuft, kann er den Damenbesuch von momentan 1 Partnerin auf bis zu 5 gleichzeitig steigern.

Winterschlaf kann sich ihren Paarungspartner nicht aussuchen. Ob die Paarung im Spätsommer oder erst im Winterquartier stattfindet, die eigentliche Schwangerschaft beginnt erst im Frühjahr. Die Fledermausweibchen speichern das Sperma, bis nach dem Winterschlaf Eisprung und Befruchtung erfolgen. Wenn es im neuen Jahr wieder Insekten zu jagen gibt, wächst der Embryo schnell heran.

Bei der südeuropäischen Langflügelfledermaus findet die Befruchtung unmittelbar nach der Paarung statt. Die Langflügelfledermaus inaktiviert die befruchtete Eizelle bald nach den ersten Teilungen bis ins Frühjahr hinein. Während des Winterschlafes liegt sozusagen »alles auf Eis«.

Warum werden Fledermäuse beringt?

Bernd Ohlendorf ist professionell im Naturschutz und ehrenamtlich für Fledermausschutz und -forschung tätig. Er leitet für das Regierungspräsidium Magdeburg die Naturschutzstation Ostharz und steht außerdem dem Arbeitskreis Fledermäuse Sachsen-Anhalt e. V. vor. Um mehr über die Fledermäuse zu erfahren, markiert er sie mit sehr leichten Armringen. Die meisten Informationen über Zugbewegungen im Herbst sind beringten Fledermäusen zu verdanken.

FRAGE: Herr Ohlendorf, warum werden Fledermäuse beringt und wie erfolgt die Beringung?

BERND OHLENDORF: Zunächst muss festgestellt werden, Fledermäuse werden nicht beringt wie Vögel, sondern Fledermäuse erhalten eine Flügelklammer aus einer Aluminiumlegierung und werden somit markiert. Die Klammer wird am Unterarm befestigt. Die Beweglichkeit des markierten Flügels wird hierbei nicht beeinträchtigt.

Fledermäuse können an manchen Orten, so in Wochenstuben oder in Winterquartieren, saisonal in größeren Ansammlungen erscheinen. Die Beantwortung der Fragen, woher kommen die Tiere und wohin fliegen sie, drängte sich auf. Die Stunde der wissenschaftlichen Markierung der Fledermäuse war geboren! In Deutschland hat Prof. Dr. Martin Eisentraut in den Dreißigerjahren des 20. Jahrhunderts die Fledermausmarkierung entwickelt. Gleich wie mit einem Reisepass kann das markierte Individuum auf Jahre verfolgt werden.

Heute hat die wissenschaftliche Fledermausmarkierung einen anerkannten Platz als wissenschaftliche Forschungsmethode. Durch die individuelle Markierung können Einblicke in die Altersentwicklung, den Austausch zwischen verschiedenen Fledermausgesellschaften und Wechselbeziehungen zwischen Übersommerungs- und Überwinterungsgebieten dokumentiert werden. ▶

FRAGE: Welche Erkenntnisse hat die Markierung von Fledermäusen geliefert, die mit anderen Methoden nicht zu erlangen wären?

BERND OHLENDORF: Die klassische Methode der Markierung mit Flügelklammern hat sich in den letzten 60 Jahren bewährt und kann momentan durch keine andere Methode effektiv ersetzt werden. Fernwanderungen einiger Arten von mehr als 2000 km zwischen Sommer- und Winterquartieren in Europa oder in Nordamerika konnten nur so belegt werden.

Die demografische Entwicklung von Populationen oder der Eintritt der Geschlechtsreife bei Jungtieren wären nicht nachvollziehbar, wenn die Tiere nicht vorher markiert worden wären. Ein weiteres Ergebnis ist, dass einige Fledermausarten sehr alt werden können. Manche Arten mehr als 30 Jahre! Wer hätte dieses festgestellt, wenn es nicht die Markierung gegeben hätte?

Außer der Markierung mit Flügelklammern gibt es weitere Markierungsmethoden, die jedoch für Langzeituntersuchungen nicht geeignet sind. So können z. B. unsere europäischen Fledermausarten keine Satellitensender tragen, mit denen man saisonale Wanderungen zwischen Sommer- und Winterquartieren verfolgen könnte. Mit sehr kleinen Sendern können jedoch über wenige Tage bei geringer Reichweite Jagdgebiet oder Quartierwechsel auf engstem Raum telemetriert werden.

FRAGE: Es gibt gelegentlich recht kontroverse Diskussionen über die Durchführung von Markierungsprogrammen. Inwieweit sind die erlangten Erkenntnisse relevant für den Fledermausschutz? Mit anderen Worten: Was haben die Fledermäuse davon, Klammern zu tragen?

BERND OHLENDORF: Oh, sie können sehr viel davon haben. Das hängt jedoch von der wissenschaftlichen Fragestellung in den Markierungsprogrammen ab. Das beste Beispiel hierfür sind die Markierungsprogramme der fernwandernden Fledermausarten. In Sachsen-Anhalt werden z. B. in solchen Programmen gezielt die Arten Kleiner Abendsegler, Abendsegler und Rauhautfledermaus untersucht. Landschaftsökologisch und damit für den Naturschutz ist es von entscheidender Bedeutung, wo diese Arten auf ihren weiten Wanderungen rasten, Nahrung aufnehmen, sich paaren, ihre Sommer- und Wintereinstandsgebiete haben. Wenn diese Daten zusammengeführt werden, wird deutlich, wo der Gesetzgeber im Sinne der Berner Konvention »Schutz fernwandernder Fledermausarten« und im Netzwerk des Europarates »Natura 2000« Naturschutzgebiete bzw. Großschutzgebiete einrichten sollte. Die Markierung liefert weitestgehend die Grundlagen des Fledermausschutzes!

Eine Zweifarbfledermaus wird mit einer ultraleichten Armklammer markiert.

FRAGE: Hat jedes Markierungsprogramm wirklich klar definierte wissenschaftliche Ziele, wie Sie sie hier nennen?

BERND OHLENDORF: Aus meiner Erfahrung spreche ich vor allem für die neuen Bundesländer und für die Fledermaus-Markierungs-Zentrale (FMZ) in Dresden. Eine Genehmigung zum Markieren wird dann versagt, wenn keine Prüfung zum Markieren abgelegt, das Markierungsprogramm von den zuständigen Naturschutzbehörden und der FMZ nicht bestätigt wurde. Fledermausmarkierer sind verpflichtet, an den Schulungen der FMZ teilzunehmen und ihre Ergebnisse hier vorzustellen.

Zum Beispiel wird die Genehmigung zum Markieren entzogen, wenn der Markierer an den Schulungen der FMZ nicht teilnimmt. Sie sehen, die Markierung wird sehr konsequent gehandhabt, nicht zuletzt handelt es sich hier um streng geschützte Arten, die mit der nötigen Sorgfalt und Sensibilität untersucht werden müssen.

FRAGE: *Geht mit der Markierung immer eine standardisierte Methode einher, markierte Tiere wieder zu finden? Wie viele der markierten Tiere werden überhaupt wieder gefunden?*

BERND OHLENDORF: *Fledermäuse in einem Programm zu markieren ist die eine, Fledermäuse in der Landschaft wieder zu finden ist die andere Seite der Medaille, die jedoch bedeutend schwieriger ist. Es sollte heute kein Markierungsprogramm mehr genehmigt werden, wenn nicht vorher klar ist, wann, wo und wie ich die Tiere wieder auffinden könnte. Sie bemerken hierbei die Schwierigkeit, Sie benötigen viele Menschen, die an einem Erfolg versprechenden Programm mitwirken müssen. Sie brauchen ein Team und das nach Möglichkeit bei fernwandernden Fledermausarten nicht nur im eigenen Bearbeitungsgebiet, sondern in weiten Teilen Europas. Dieses zu organisieren, das ist die größte Herausforderung.*

Die Wiederfundrate schwankt je nach der Aufgabenstellung und der zu betrachtenden Art. Vereinfacht gesagt, je größer die Entfernungen sind, die Fledermäuse zurücklegen, desto schwieriger wird es, Wiederfundmeldungen zu erhalten. Bei populationsökologischen Fragestellungen können z. B. in Wochenstuben mehr als 50 % der vorjährigen Individuen wieder angetroffen werden.

FRAGE: *Wie schwer ist eine Fledermausklammer und wie hoch sind die durch Markierung verursachten Verletzungen und Verluste einzuschätzen?*

BERND OHLENDORF: *Je nach Fledermausart gibt es unterschiedliche Größen an Klammern. Das Gewicht der Klammern schwankt zwischen 0,096 g bei großen Arten und 0,038 g bei sehr kleinen Arten.*

Ein Mausohr hat z. B. bei einem Körpergewicht von 30 g zusätzlich eine »Belastung« von 0,32 % zu tragen. Für Fledermäuse ist dies kein Problem. Das Mausohr z. B. bewältigt beim Transport seines Jungen bis 40 % zusätzliches Gewicht!

Bis vor ca. 20 Jahren waren gehäuft Verletzungen durch schlechte Klammerqualitäten möglich. Die heute in Deutschland verwendeten Klammern entsprechen den sehr hohen qualitativen Anforderungen in der Fledermausforschung. Verletzungen durch Flügelklammern sind sehr selten, kommen jedoch vor. Meist sind diese herzuleiten durch einen zu festen Sitz der Klammer, z. B. beim Anlegen. Verluste durch Markierung mit heutigen Klammern sind nicht bekannt.

FRAGE: *Sie führen Kurse durch »zum geprüften Fledermausmarkierer«? Was bringen Sie den Leuten bei, was fordern Sie ihnen ab?*

BERND OHLENDORF: *Von einem Fledermausmarkierer wird erwartet, dass er Fledermäuse zweifelsfrei richtig anspricht, die Markierungsmethoden beherrscht, die Artenschutzregelungen kennt, bereit ist, im Team zu arbeiten, die Markierungsdaten gewissenhaft erhebt und der FMZ zuführt sowie die Ergebnisse auswertet. So wurden 1999 für das Markierungsprogramm und Monitoring Rauhautfledermaus in Sachsen-Anhalt Fledermausmarkierer ausgebildet, die von der FMZ geprüft wurden.*

FRAGE: *Wer nimmt eigentlich in Deutschland Fundmeldungen markierter Fledermäuse entgegen?*

BERND OHLENDORF: *In Deutschland gibt es zwei Zentralen der Fledermausmarkierung:*

- *Fledermausmarkierungszentrale (FMZ) Dresden beim LUfG, Postfach 80 01 00, 01101 Dresden;*
- *Zoologisches Forschungsinstitut und Museum Alexander Koenig, Adenauerallee 160, 53113 Bonn.*

Neben den Fundumständen, die mitgeteilt werden sollten, sind von der Klammer die Markierungszentrale sowie Buchstaben und Zahlen zu entnehmen, die zur Identifizierung des Tieres führen.

Winterschlaf

Wenn der Fledermausherbst zu Ende geht, sammeln sich die Fledermäuse in den Winterquartieren. Diese kennen sie spätestens seit dem Schwärmen im Herbst. Manche Tiere suchen die Winterquartiere sogar im Sommer regelmäßig auf.

Eine Kleine Hufeisennase aus Sachsen-Anhalt legt fast jede Sommernacht eine Jagdpause in ihrer Winterhöhle ein. Stetig anwachsende Kothügelchen erzählen dem Höhlenbesucher diese Geschichte. Auch einzelne Mausohren kann man ganzjährig in den Winterhöhlen antreffen. Die ersten wirklichen Winterschläfer sind in Mitteleuropa dann im September zu finden, die letzten treffen im Dezember ein.

Warum Winterschlaf?

Fledermäuse halten Winterschlaf, weil es für sie in der kalten Jahreszeit nicht genug zu fressen gibt. Wenn Schnee liegt und es friert, sind keine fliegenden oder krabbelnden Insekten zu finden. Insekten fressende Vögel helfen sich über den Winter hinweg, indem sie wie die Wintergoldhähnchen sorgsam die Baumrinde nach Beute absuchen oder sie aus den verschneiten Waldböden herauswühlen. Zumeist ernähren sie sich von Springschwänzen, winzigen Insekten. Andere Vögel, z.B. Schwalben und Stare, fliegen so weit in den Süden, bis sie wieder ein ausreichendes Nahrungsangebot finden. Selbst ziehende Fledermäuse wie Abendsegler und Rauhautfledermaus kommen nicht so weit nach Süden. Auch sie suchen sich ein Quartier für den Winterschlaf.

Drei Große Mausohren im Winterschlaf.

Im Winterschlaf überdauern die Fledermäuse die nahrungsarme Zeit bei größtmöglicher Energieeinsparung. Das Fettpolster, das sie sich im Herbst angefressen haben, muss bis zum Frühjahr reichen. Während des Winterschlafes hängen die Tiere ruhig und ohne viel Bewegung da. Dass wenig Bewegung Fettreserven schont, weiß jeder, der mühevoll ein »Bäuchlein« loszuwerden trachtet.

Die Fledermäuse greifen aber zu noch wesentlich weiter gehenden Energiesparmaßnahmen: Sie verlangsamen ihren gesamten Stoffwechsel drastisch. Die Herzschlagrate sinkt auf ungefähr 1% der des Wachzustandes ab. Entsprechend wird die Atemfrequenz verringert. Die Körpertemperatur, die beim aktiven Tier um 40 °C liegt, halten die Winterschläfer zwischen 0 und 10 °C. Gewöhnlich wird sie auf 1° über der Umgebungstemperatur eingeregelt.

Die extremen Verlangsamungen der physiologischen Abläufe ermöglichen einer winterschlafenden Fledermaus mit einem gegebenen Energiebetrag, z.B. in Form einer Fettreserve, 100-mal länger auszukommen als eine aktive Fledermaus. Die Energiesparstrategie des Winterschlafes ist der der Tagesschlaflethargie an kalten Frühlingstagen sehr ähnlich.

Kleine Bartfledermaus im Winterschlaf. Ihr Fell ist von Tautropfen übersät.

Fledermäuse sind wie alle Säugetiere und wie die Vögel in der Lage, ihre Körpertemperatur aktiv über der Umgebungstemperatur zu halten. Es liegt also im Entscheidungsspielraum des Fledermauskörpers, die Temperatur abzusenken, um im Winterschlaf Energie zu sparen. Je nachdem, ob die Fledermaus die nötigen Fettreserven bereits angespart hat, kann sie in kalten Herbstnächten schon in Winterschlaf fallen oder noch aktiv sein und nach Beute jagen.

Ganz anders verhält es sich bei Fröschen, Molchen oder Schlangen, die in Winterstarre verfallen. Sie sind wechselwarme Tiere, deren Körpertemperatur von der Umgebungstemperatur abhängt. Wenn es kalt wird, werden auch sie kalt und können sich dann nur noch sehr langsam oder gar nicht mehr bewegen.
Je kühler die Umgebung, desto kühler ist auch die winterschlafende Fledermaus. Und desto geringer ist ihr Energieverbrauch. Wahrscheinlich suchen sich Tiere mit geringen Fettreserven besonders kalte Schlafplätze. Allerdings gibt es eine Temperaturuntergrenze, die für die Fledermäuse gefährlich wird: Unter dem Gefrierpunkt halten die meisten Arten es nicht für längere Zeit aus. Wenn die Temperatur im Winterquartier unter die Frostgrenze sinkt, wachen die Tiere auf, fahren ihren Stoffwechsel hoch und suchen einen neuen, wärmeren Schlafplatz. Aufheizen und Umzug kosten natürlich wertvolle Fettreserven. Deshalb sind Überwinterungsplätze mit konstanter Temperatur für Fledermäuse besonders interessant.
Die konstanteste Temperatur herrscht tief im Inneren von Höhlen, liegt aber häufig um die 10 °C. Der Vorteil einer ungestörten Winterruhe bringt folglich den Nachteil eines höheren Energieverbrauchs mit sich. Dieser steigt ja, wie oben festgestellt, mit der Umgebungstemperatur.
Ideale Höhlen mit guter Durchlüftung (oder Bewetterung, wie der Bergmann sagt) bieten eine konstant kalte Temperatur zwischen 0 und 6 °C. Wenn der Eingang am höchsten Punkt der Höhle liegt, fällt kalte Außenluft hinein. Warmes Wetter mit aufsteigender Luft bleibt aber außen vor. Wenn vom Eingang bis ins Innere eine gewisse Spanne verschiedener Temperaturen und Luftfeuchtewerte geboten ist, kann sich jede Art oder gar jede Fledermaus den ihr geeignet erscheinenden Schlafplatz auswählen.
Im Winterschlaf urinieren und koten Fledermäuse nicht. Manchmal atmen sie nur einmal pro Stunde. Trotzdem sind sie nicht für Monate völlig bewegungslos. Ab und zu wachen sie kurzzeitig auf, drehen sich langsam und schlafen in der neuen Position weiter. Manchmal wachen sie ganz auf, fliegen in der Höhle umher und suchen einen anderen Schlafplatz auf; vielleicht weil der alte zu warm oder zu kalt war.
Wenn ihre Fettreserven zur Neige gehen und wenn ein Temperaturanstieg warme Winternächte verspricht, verlassen Fledermäuse sogar die Höhlen. Sie versuchen ihr Jagdglück bei Insekten, die der Wärmeeinbruch gleichfalls zu nächtlichen Ausflügen verleitet. Wie aber können sie in ihren Winterhöhlen die veränderte Außentemperatur registrieren? Es gibt Hinweise darauf, dass Luftdruckveränderungen, die auch ins konstant kalte Höhleninnere vordringen, den Fledermäusen mildes Wetter anzeigen könnten. Tiefdruck geht nämlich normalerweise mit gemäßigten Temperaturen einher.
Die Länge des Winterschlafes hängt vom Klima und damit vom Nahrungsangebot des jeweiligen Gebietes ab. Große Mausohren in Deutschland schlafen von Oktober bis März, während ihre Artgenossen im warmen Portugal nur im Januar und Februar auf winterbedingter Sparflamme leben müssen. Dafür ist der Spätsommer in Portugal wegen der Trockenheit nahrungsarm und damit eher »Fastenzeit« für die Mausohren. Die deutschen Mausohren finden hingegen im Spätsommer reichlich Beute und können sich den nötigen Winterspeck zulegen.
Im tiefen Winter sind hier in Mitteleuropa manche Mausohren bei Quartierkontrollen kaum zu finden. Sie schlafen irgendwo in Felsspalten oder unzugänglichen Nischen. Im zeitigen Frühjahr rücken sie dann langsam Richtung Höhleneingang vor. Immer häufiger wachen sie auf und starten wahrscheinlich noch von der Winterhöhle aus erste Jagdflüge.

Wer schläft wo?

Ein ideales Winterquartier hat wie gesagt eine gleich bleibend niedrige Temperatur um 5 °C, da zu hohe Temperaturen den Tieren nicht erlauben, den Energie sparenden Winterschlafzustand zu erreichen. Außerdem muss ein Winterschlafplatz natürlich sicher vor Raubfeinden sein, denn eine Fledermaus im Winterschlaf ist ein wehrloses Opfer. Sie benötigt, wenn sie gestört wird, mindestens eine halbe Stunde, um aufzuwachen und davonfliegen zu können.
Solche idealen Winterquartiere finden Fledermäuse in Höhlen und auch in sehr dickwandigen Spechthöhlen in alten Bäumen. Neuerdings bietet der Mensch verschiedene Bauwerke, die den Fledermäusen ebenfalls zur Überwinterung geeignet scheinen. Abendsegler überwintern z.T. in Autobahnbrücken oder unter der Verschalung von Flachdachhäusern. Schon viele Jahrzehnte oder vielleicht Jahrhunderte länger werden Bergwerksstollen und Weinkeller von Fledermäusen vieler Arten im Winter aufgesucht.
In Mittel- und Süddeutschland gibt es zahlreiche größere und kleinere Höhlen, die als Winterquartiere geeignet sind. Im flachen Norden und Nordosten unseres Landes sind natürliche Felshöhlen Mangelware und entsprechend wichtiger sind die Quartiere, die der Mensch geschaffen hat. In Berlin überwintern z.B. in der Zitadelle jedes Jahr viele tausend Fledermäuse in Ritzen und Spalten des altehrwürdigen Gemäuers. Auch Keller und alte Dachstühle werden in der Bundeshauptstadt gerne als Überwinterungsplätze genutzt. Leider fallen immer wieder langjährig bewährte Quartiere Renovierungsarbeiten zum Opfer. Einflugöffnungen werden verschlossen, Keller und Dachgeschosse werden ausgebaut und beheizt.
Berliner Fledermausschützer vom Verein »Vespertilio« haben neue Quartiere geschaffen, indem sie in geeigneten Kellern oben geschlossene Hohlblocksteine aufgehängt haben. Sogar die Berliner Stadtwerke halfen in der »Wohnungsnot«. In ausgedienten Wasserwerken entstanden Spaltenquartiere in eigens dafür aufgemauerten Backsteinwänden: Aussparungen von 2–3 cm Breite zwischen den Ziegelsteinen. Genau das Richtige für eine Zwergfledermaus. Schon nach kurzer Zeit fanden die Fledermausschützer etliche Fledermäuse in den neu angebotenen Überwinterungsstätten. Sie zeugen von der »Nachfrage« nach Quartieren, die bei den Berliner Fledermäusen herrscht.

Diese Kleinen Hufeisennnasen halten Winterschlaf in einer Höhle in Slowenien. Sie hüllen sich gänzlich in ihre Flughäute ein und hängen typischer Weise einzeln und frei an der Decke.

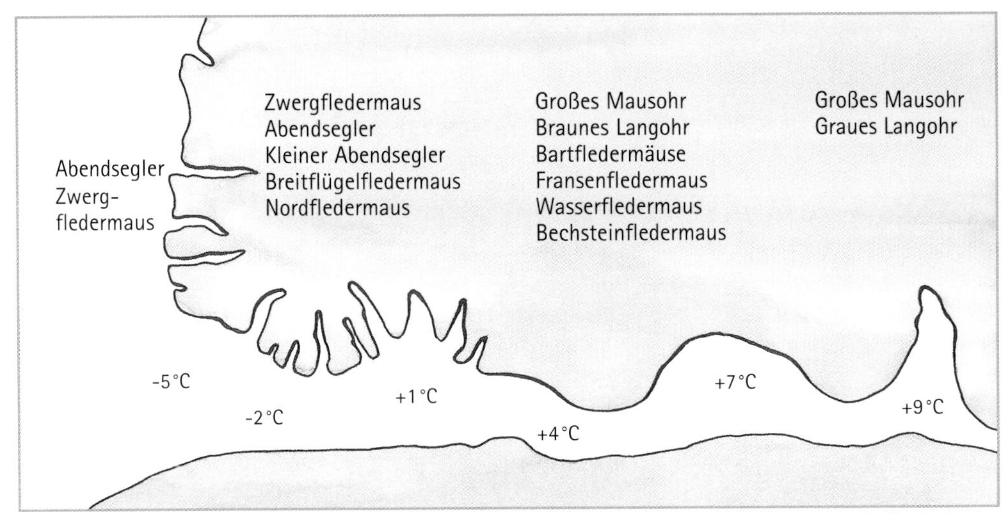

Die verschiedenen Fledermausarten bevorzugen verschiedene Temperaturbereiche für den Winterschlaf, die sie in bestimmten Zonen innerhalb einer Höhle finden (verändert nach NAGEL).

Die verschiedenen Arten haben verschiedene Vorlieben bezüglich ihrer Überwinterungstemperatur, der Beschaffenheit ihres persönlichen Hangplatzes und der Position, in der sie den Winter verbringen. So hängen Große Hufeisennasen bevorzugt bei 7–10 °C und immer frei und einzeln vom Höhlendach. Auch Große Mausohren hängen gern bei ähnlichen Temperaturen, bilden aber oft Gruppen von dicht aneinander hängenden Winterschläfern, so genannte Cluster. Für beide Arten scheint hohe Luftfeuchtigkeit im Winterquartier von großer Wichtigkeit zu sein.

Auch Wimperfledermäuse mögen eher hohe Temperaturen und hängen daher weiter im Höhleninneren. Sie wechseln während des Winterschlafs selten ihre Position. Ihre Vorliebe für einen bestimmten Hangplatz scheint so groß zu sein, dass sie viele Jahre in Folge am exakt gleichen Platz in der Höhle zu finden sind. Fledermäuse sind eben Traditionstiere. Was sich einmal bewährt hat, wird beibehalten.

Andere Arten wollen es etwas kälter haben als Wimperfledermaus und Hufeisennase. Zum Beispiel Mopsfledermäuse, die ebenfalls große Cluster bilden, die bis zu 1000 Tiere umfassen. So ein beeindruckender Anblick ist einem in Deutschland aber nicht mehr vergönnt, weil die Bestände der Mopsfledermaus dramatisch zurückgegangen sind. Mopsfledermäuse verkriechen sich zum Winterschlaf mitunter in enge Felsspalten und bevorzugen Temperaturen unter 5 °C. Manchmal hängen sie sogar an Plätzen, deren Temperatur unter den Gefrierpunkt fällt.

Eine weitere kälteharte Art ist die Zwergfledermaus. Wie die Mopsfledermaus überwintert sie gerne in Spalten und Ritzen. Erstaunlicherweise kann man winterschlafende Zwergfledermäuse sogar über Wochen in Felsspalten finden, in denen nachts eine Temperatur von –6 bis –4 °C herrscht. Zwergfledermäuse scheinen darauf zu achten, dass ihre Hangplätze absolut trocken sind, wenn sie Temperaturen unter dem Gefrierpunkt erreichen. Andernfalls würde ihr feuchtes Fell gefrieren und sie wären in einen Eispanzer eingezwängt. Wenn tags die Wintersonne auf den Fels scheint, kann sich die Luft im Spalt auf 15 °C erwärmen. Die Zwergfledermäuse kommen augenscheinlich mit dieser großen Temperaturschwankung gut zurecht.

Langohrfledermäusen droht im Winterschlaf ein besonderes Problem: Die langen Ohren sind bei den tiefen Temperaturen und bei der abgesenkten Körpertemperatur für Erfrierungen und Austrocknung anfällig. Die Tiere klappen daher die Ohren nach hinten um und verstecken sie unter den Flügeln. Lediglich der Tragus winterschlafender Langohren ist zu sehen.

Abendsegler beziehen gerne Baumhöhlen als Winterquartier. Baumhöhlen sind im Gegensatz zu tiefen Felshöhlen natürlich nicht frostfrei. Wenn draußen die Kälte klirrt, sinkt die Temperatur auch im Inneren des Baumes. Daher bilden die winterschlafenden Abendsegler immer Cluster von einigen Dutzend Tieren, die sich gegenseitig wärmen. Sie halten die Temperatur im Inneren des Clusters über dem Gefrierpunkt. Je kälter es draußen wird, desto mehr müssen sie heizen. Manchmal kann man erfrorene Abendsegler unter ihren winterlichen Quartierbäumen finden. Vielleicht wurde es zu kalt und sie wollten sich im letzten Moment aufmachen, um einen wärmeren Platz zu suchen. An warmen Wintertagen wird es auch im Baum schnell warm, und dann werden die Abendsegler zuweilen so munter, dass man sie auf abendlichen Ausflügen sehen kann. Immer wieder geschieht es, dass ein Baum samt schlafenden Abendseglern bei winterlichen Pflegemaßnahmen in Stadtparks gefällt wird. Bei einem solchen Vorfall in Tübingen im Winter 1998/99 haben alle 89 Abendsegler den Sturz in ihrer alten Spechthöhle glücklicherweise überlebt. Natürlich waren sie aufs Heftigste in ihrem Winterschlaf gestört und mussten von Fachleuten gepflegt und beobachtet werden, bevor sie im Frühling wohlbehalten entlassen werden konnten.

Um solche Fledermausdramen zu vermeiden, empfiehlt es sich dringlichst, zu fällende Bäume auf eventuelle Höhlen hin zu untersuchen. Sollten Spechthöhlen o.ä. zu sehen sein, können Fachleute mit Taschenlampen und Spiegeln feststellen, ob winterschlafende Fledermäuse im Dach der Höhlung hängen.

Bitte wegbleiben: Winterschläfer sind störungsempfindlich

Winterschlaf bedeutet Energiesparen und Durchhalten bis zum Frühling. Immer wieder findet man in Winterquartieren tote Fledermäuse, denen die Fettreserven ausgegangen sind. Wenn Fledermäuse im Winterschlaf aufwachen, kostet es sie viel Energie, ihre Körpertemperatur, ihre Herzschlag- und Atemfrequenz wieder auf das Wachniveau zu bringen.

Manchmal wachen sie von selbst auf, wenn ihr Hangplatz zu warm oder zu kalt wird. Wenn die Fledermäuse aus solchen Gründen aufwachen und den Platz wechseln, dann tun sie das, um unterm Strich Energie zu sparen.

Wenn winterschlafende Fledermäuse aber gestört werden und deshalb aufwachen, ist das pure Energieverschwendung. Die Vergeudung der knappen Fettreserven kann sich eine Fledermaus im Winter nicht leisten. So ein unfreiwilliges Verpulvern von Energiereserven kann bedeuten, dass dem Tier die Reserven ausgehen, bevor das Frühjahr kommt und neue Nahrung bringt. Das heißt, dass winterschlafende Fledermäuse, wenn sie gestört und mehrmals zum Hochheizen der Körpertemperatur gezwungen werden, eine wesentlich geringere Chance haben, den Winter zu überleben. Deshalb ist es ausgesprochen wichtig, Winterquartiere störungsfrei zu halten (siehe auch Experten-Interview mit Dr. Nagel).

Sicherung von Winterquartieren

Wenn Fledermäuse in ihren Winterquartieren beim Winterschlaf gestört werden, kann das fatale Folgen haben. Dr. Alfred Nagel, Privatdozent an der Uni Frankfurt, bemüht sich deshalb seit vielen Jahren um die Sicherung wichtiger Fledermaus-Überwinterungsplätze.

FRAGE: *Herr Dr. Nagel, was sind die Hauptgefahren, denen sich winterschlafende Fledermäuse ausgesetzt sehen?*

DR. ALFRED NAGEL: *Die winterschlafenden Tiere sind zu schnellen Reaktionen nicht in der Lage. Um vor Fressfeinden wie z. B. Mardern sicher zu sein, hängen sie an schwer erreichbaren Plätzen, oft hoch an der Quartierdecke. So ein störungssicherer Hangplatz ist viel wert, weil jedes Aufwachen wertvolle Energiereserven verbraucht. Mit dem knappen Energievorrat müssen die Fledermäuse aber sorgsam haushalten, wenn sie bis ins Frühjahr durchkommen wollen. Da kommen menschliche Störungen ganz ungelegen. Zum Beispiel brennen Menschen in Höhlen und Stollen, in denen Fledermäuse überwintern, immer wieder Lagerfeuer ab. Sie entzünden Fackeln oder Vesperbrotpapiere, um Licht ins abenteuerliche Dunkel zu bringen; häufig, ohne von den Fledermäusen zu wissen, geschweige denn sie zu entdecken. Diese zumeist ungewollten Störungen können für die Fledermäuse aber lebensbedrohlich sein. Hinzu kommt, dass etliche Fledermäuse im Winterschlaf ohnehin aufgrund menschlicher Umweltbelastung geschwächt sind, weil die giftige Chlorkohlenwasserstoff-Belastung (PCB/DDT), die sich in ihren Fettreserven angesammelt hat, bei deren »Verfeuerung« wieder in den Körper freigesetzt wird. Folglich ist es wichtig, jede zusätzliche Störung zu vermeiden*

FRAGE: *Was kann man tun, um den Tieren einen störungsfreien Winterschlaf zu sichern?*

DR. ALFRED NAGEL: *Auch bei uns in Deutschland halten sich ja viele Fledermäuse mehr als die Hälfte des Lebens in Höhlen oder anderen unterirdischen Quartieren auf. Viele Winterquartiere werden bereits im August von schwärmenden Fledermäusen besucht und manche sind sogar ganzjährig von einigen Fledermäusen besetzt. Es ist also wichtig, diese Quartiere zu sichern und zumindest im Winter für menschliche Besucher zu sperren. Winterquartiere wie Höhlen oder Bergwerksstollen werden mit einem Gitter-Fledermaustor verschlossen. Dabei werden Metallrohre von 5 cm Durchmesser und 5 mm Wandstärke verwendet. Der Abstand zwischen den horizontal angebrachten Rohren darf nicht mehr als 13 cm betragen. Wichtig ist ein Hinweisschild, das die vorübergehende Sperrung erklärt und für Verständnis wirbt. Es ist unzweckmäßig, Quartiereingänge mit einer Mauer*

Die Winterquartiere der Fledermäuse sollten einmal pro Jahr von Experten kontrolliert werden.

zu sperren, weil dies im Gegensatz zum Gitter kaum Luftaustausch zulässt und so das Höhlenklima für die Fledermäuse verschlechtert.

FRAGE: Kann man vorhandene Quartiere verbessern oder sogar neue einrichten?

DR. ALFRED NAGEL: An Bergwerksstollen oder Kellern lässt sich ein zweiter Eingang schaffen, der für gute Bewetterung und damit konstant kühle Temperaturen sorgt. Zur Verbesserung des Hangplatzangebotes kann man z.B. in Kellern, in denen Fledermäuse überwintern, oben geschlossene Hohlblocksteine anbringen. Wo Hangplatzmangel herrscht, können so tatsächlich neue Winterhangplätze geschaffen werden. In Gebieten wie in Süddeutschland, wo es zahlreiche gute und von vielen Fledermäusen genutzte Quartiere gibt, erscheint es jedoch sinnvoller, diese zu sichern, statt zusätzliche anzubieten.

FRAGE: Solche Maßnahmen erfordern ja Erfahrung, Sachverstand und natürlich eine ganze Menge Geld. Wie werden solche Sicherungsprojekte üblicherweise angeregt, geleitet und finanziert?

DR. ALFRED NAGEL: Der Anstoß kommt von erfahrenen Fledermausschützern, die die in Frage stehenden Quartiere und deren Fledermausbesatz kennen. Ist das Quartier gefährdet, so wird es z. B. unter meiner Leitung gesichert. Geld kommt über staatliche Stellen in Form von Ausgleichsmaßnahmen, Pflegemitteln oder Bußgeldern und auch von privat engagierten Menschen oder Naturschutzvereinen. Ansprechpartner sind die Unteren Naturschutzbehörden und Fledermausschutzvereine.

FRAGE: Werden Quartiere, wenn sie einmal gesichert sind, weiter betreut?

DR. ALFRED NAGEL: Winterquartiersicherung ist nichts für schnellen Aktionismus ohne zugehörige langjährige Perspektive. Die Fledermaustore müssen regelmäßig kontrolliert und gegebenenfalls repariert werden. Einmal pro Jahr sollte auch der Winterbestand der Fledermäuse gezählt werden, um die Auswirkung der Sicherung zu erfassen.

FRAGE: Welche Erfolge konnten Sie bisher mit Quartieren verbuchen, die unter Ihrer Leitung gesichert wurden?

DR. ALFRED NAGEL: Es ist unser vorrangiges Ziel, von Fledermäusen genutzte und klimatisch gut geeignete Quartiere zu erkennen und sie dann durch Fledermaustore auch störungsfrei zu machen. Wenn so ein günstiges Quartier über Jahre von menschlicher Störung frei bleibt, spricht sich das bei den Fledermäusen sozusagen herum. Fledermäuse kehren immer wieder zu diesem vorteilhaften Überwinterungsplatz zurück und neue Wintergäste folgen ihnen. Eines der schönsten Beispiele ist eine Schachthöhle, die früher ein Kletterparadies für Höhlenabenteurer war. Damals überwinterten dort nur 5–10 Mausohren. Heute, nach 18 Jahren Wintersicherung, sind es, inklusive allgemeiner Bestandszunahme, 450 Tiere.

FRAGE: Ein Hauptziel der Winterquartiersicherung ist ja, Menschen fern zu halten, um eine Störung der Fledermäuse zu vermeiden. Stoßen diese Maßnahmen denn auf Verständnis bei der ansässigen Bevölkerung und den Höhlenfans?

DR. ALFRED NAGEL: Alle Schauhöhlen auf der Schwäbischen Alb sind im Einvernehmen mit Betreibern und Höhlenforschern wegen des Fledermausschutzes im Winter geschlossen. Auch mit der Lokalbevölkerung gibt es keine Probleme, wenn die Höhlen im Sommer begehbar sind. Interessenkonflikte treten ab und zu mit Mineraliensammlern auf, die in den Stollen ihrer Passion nachgehen wollen.

Ein verschließbares Tor garantiert den Fledermäusen störungsfreien Winterschlaf.

Fledermausschutz

In den Siebzigerjahren des 20. Jahrhunderts war in Deutschland ein historischer Tiefstand der Fledermauspopulationen erreicht. Zwar gab es damals noch keine flächendeckende Bestandserfassung, aber am Beispiel einiger bekannter Fledermausquartiere zeigte sich die dramatische Situation: Im Vergleich zur Mitte des Jahrhunderts war die Population auf gerade einmal 2 % gesunken. Einige Arten waren völlig verschwunden und gelten bis heute in Deutschland als ausgestorben. Worin liegen die Ursachen?

Warum sind Fledermäuse bedroht?

Das Zusammenspiel mehrerer, aber durchweg menschengemachter Umweltveränderungen ist für den Bestandseinbruch der Fledermäuse verantwortlich. Ein sehr wesentlicher Grund ist der massive Einsatz von Pestiziden in der Landwirtschaft. Zum einen wurden massenweise Insekten vergiftet und damit den Fledermäusen die Nahrungsgrundlage geschmälert. Zum anderen waren auch die verbleibenden Insekten mit Pflanzen- und Insektenvernichtungsmitteln belastet. Fledermäuse fraßen diese belasteten Insekten und sammelten die schlecht abbaubaren Giftstoffe über Jahre in ihrem Körper an. Sie wurden geschwächt und konnten keinen gesunden Nachwuchs mehr aufziehen. Einige Fledermäuse starben sofort, andere wurden schleichend vergiftet. Eines der giftigsten Insektizide war das berüchtigte, schwer abbaubare DDT. Über Jahre reicherte es sich in langlebigen Tieren an, die weit oben in der Nahrungspyramide stehen, d.h. andere Tiere fressen, die ihrerseits wieder andere Tiere fressen. Der Langzeitwirkung des DDT fielen Zehntausende von Fledermäusen und Greifvögeln zum Opfer. 1975 wurde DDT in der Bundesrepublik verboten. Es ist jedoch bis heute noch nicht völlig aus der Landschaft verschwunden. In toten Fledermäusen ist DDT z.T. heute noch nachweisbar.

Wo Mangel an natürlichen Quartieren herrscht, können Fledermauskästen der Wohnungsnot abhelfen. Auch in intakten Waldgebieten werden Kästen häufig von Fledermäusen angenommen und machen den Fledermausbestand für uns erfassbar.

In der zweiten Hälfte des 20. Jahrhunderts wurde unsere Landschaft nicht nur vergiftet. Sie wurde im Namen des Fortschritts und der Modernisierung auch umgestaltet. Feuchtgebiete wurde trocken gelegt und Flüsse begradigt. Ein althergebrachtes Mosaik von Ackerflächen, Wiesen und Feldgehölzen wich gigantischen Monokulturen moderner Agrarbetriebe. Die Hecken, Blumenwiesen und Tümpel, die im Zuge der »Flurbereinigung« dem landschaftsplanerischen Besenstreich zum Opfer fielen, waren ein Lebensraum für viele Tiere und Pflanzen gewesen. Mit der vielgestaltigen Landschaft verschwand ein reiches Angebot an Insekten und Spinnen und mit ihnen verschwanden die Fledermäuse.

Auch die Quartiere der Fledermäuse haben wir Menschen in großem Maße verändert und vernichtet. Für waldbewohnende Arten sind alte Spechthöhlen begehrte Hangplätze. Und nicht nur Fledermäuse, sondern auch

Wenn diese Schwarzspechte ihre Bruthöhle verlassen, wird sie Fledermäusen oder anderen »Nachmietern« zum begehrten Quartier.

viele selten gewordene Vogelarten werden gern Nachmieter bei Familie Specht. In den modernen Stangenwäldern unserer Fichtenmonokulturen sind aber weder Spechte noch deren Höhlen zu finden. Die Fledermäuse haben dort Wohnungsnot. Fledermauskolonien, die in menschlichen Behausungen Quartier bezogen hatten, wurde die Modernisierung ebenfalls oft zum Verhängnis. Einflugöffnungen wurden verschlossen, manchmal sogar ganze Wochenstuben willentlich getötet. Viele weitere Fledermäuse fielen, von den Quartierbesitzern völlig unbeabsichtigt, den giftigen Ausdüns-

tungen von Holzschutzmitteln zum Opfer.
Schließlich wurde den Fledermäusen auch im Winterquartier das Leben schwer gemacht. Höhlentouristen und Mineraliensucher weckten, ebenfalls meist unbeabsichtigt, die schlafenden Tiere. Stollen wurden verschlossen und Keller durch Renovierung für Fledermäuse unbrauchbar.
Zusammen genommen sind also die Vergiftung und Vernichtung von Nahrungsgrundlage sowie der Verlust von Jagdgebieten und Quartieren die Ursachen für den dramatischen Einbruch der Fledermauspopulationen, die in den 1970er Jahren ihren Tiefstand erreichten. Sie sind auch heute noch die Hauptursachen dafür, dass der Status der Bestände der meisten Fledermausarten als äußerst kritisch eingestuft werden muss.

Um die Fledermausart sicher zu bestimmen, die ein neu entdecktes Quartier bewohnt, ist es in seltenen Fälle erforderlich, dass Experten die Tiere abfangen und vermessen.

Leichter Bestandsanstieg – kein Grund zur Entwarnung

Erfreulicherweise hat sich seit den 1970ern einiges zum Besseren gewendet. Wir haben eingesehen, dass auch für uns Menschen langfristig ein würdiges und gesundes Leben nur in einer einigermaßen intakten Natur möglich ist. Fortschritt und Naturschutz verstehen wir nicht mehr unbedingt als Gegensatz. Das hat natürlich auch für die Fledermäuse positive Folgen. So sind z.B. die meisten modernen Insektizide und Herbizide, die in der Land- und Forstwirtschaft eingesetzt werden, im Vergleich zu DDT sehr viel kurzlebiger, so dass die Gefahr einer Anreicherung im Körper deutlich geringer ist.
Bei Landschaftsplanung und Waldbau haben heutzutage naturschützerische Erwägungen ein größeres Gewicht. Im Gebäudebereich profitieren die zweibeinigen wie die geflügelten Hausbewohner gleichermaßen von der weitgehenden Ausschaltung von Holzbehandlungen mit giftigen Chemikalien.
Wahrscheinlich spielt all dies eine Rolle dabei, dass seit den 1970ern die Bestandsentwicklung der Fledermäuse wieder leicht steigend ist. Außerdem ist es sicher kein Zufall, dass der Anstieg in der Bestandskurve mit der Intensivierung und einer besseren Koordinierung des Fledermausschutzes zusammenfällt. Viel ehrenamtlicher Einsatz hat dazu geführt, dass wir die Bestandssituation heute besser einschätzen können. Quartiere wurden gefunden, kartiert und über Jahre betreut, wie es Prof. Müller am Beispiel der Arbeitsgemeinschaft für Fledermausschutz in Baden-Württemberg im Experten-Interview Seite 77–79 erläutert. Der engagierten Arbeit vieler Fledermausschützer ist daher vor allem die Bewahrung und Sicherung wichtiger Sommer- und Winterquartiere zu verdanken.
Leider besteht noch kein Grund zur Entwarnung. Die meisten Fledermausarten sind in Deutschland nach wie vor stark gefährdet oder gar vom Aussterben bedroht. z.B. gelten früher häufige Arten, wie die Mopsfledermaus oder die Kleine Hufeisennase, in Süddeutschland weiterhin als »ausgestorben«.

Die häufigste Art, die in Spaltenquartieren an menschlichen Behausungen wohnt, ist die Zwergfledermaus.

Kartierung und Öffentlichkeitsarbeit

Meldungen über Fledermausquartiere aus ganz Baden-Württemberg laufen bei der Arbeitsgemeinschaft Fledermausschutz Baden-Württemberg e.V. (AGF B.-W.) zusammen. Vor kurzem ist ein »Flederhaus« zur Pflege verletzter Tiere und für die Öffentlichkeitsarbeit gegründet worden. Prof. Dr. Ewald Müller ist Geschäftsführer der AGF B.-W.

FRAGE: *Herr Prof. Müller, wie ist der Weg von einem neuen Quartierfund in die landesweite Erfassung der AGF?*

PROF. DR. EWALD MÜLLER: *Bisher wurden neue Quartierfunde aus den Karteien der regionalen Arbeitsgruppen von Hand in ein einheitliches Format für die landesweite Erfassung der Fledermausbestände überführt. In Kürze führt die AGF eine Computer-Datenbank mit einheitlicher Erfassungsstruktur ein, die den regionalen Arbeitsgruppen zur Verfügung gestellt wird. Dies wird uns bei künftigen landesweiten Erfassungen eine Menge Arbeit und Zeit sparen. Darüber hinaus kann dann auch, z.B. für überregionale Fragestellungen, schnell auf den neuesten Datenbestand zurückgegriffen werden. In Zeiten, in denen der Fledermausschutz zunehmend unter Länder übergreifenden Gesichtspunkten betrieben wird,
ist dies eine unerlässliche Grundlage für effektive Schutzarbeit.*

FRAGE: *Was tut die AGF, was der lokale Betreuer, wenn ein neues Fledermausquartier gefunden worden ist?*

PROF. DR. EWALD MÜLLER: *Nachdem festgestellt wurde, welche Fledermausart das Quartier nutzt und welcher Art das Quartier ist, d.h., ob es sich z.B. um eine Wochenstube oder ein Männchenquartier handelt, hat die Sicherung des Quartiers absolute Priorität. Bei Quartieren in Gebäuden muss beispielsweise mit dem Hausbesitzer Kontakt aufgenommen werden und durch Information und Aufklärung nach Möglichkeit ein langfristiger Bestand des Quartiers sichergestellt werden. Je nach persönlicher Einstellung der Hausbesitzer ist dies nicht immer ganz einfach. Trotzdem verfolgt die AGF die Strategie, erst dann auf den gesetzlichen Schutz der Fledermäuse zu bestehen, wenn andere Argumente nicht akzeptiert werden. Die Erfahrung zeigt zum Glück, dass die »Quartierbesitzer« nicht selten sogar zu engagierten Fledermausschützern werden, wenn man ihnen die besondere Gefährdung unserer Fledermäuse erläutert und sie erkennen, welchen »Schatz« sie unter ihrem Dach haben.*
Den lokalen Quartierbetreuern kommt hierbei als Ansprechpartner in Problemfällen, z.B. bei geplanten Renovierungs- oder Umbauarbeiten, eine ganz wichtige Bedeutung zu. Bei größeren Quartieren, z.B. Wochenstuben von Mausohren, in denen jedes Jahr erhebliche Mengen an Kot anfallen, muss der lokale Betreuer auch für eine ausreichende Hygiene und Sauberkeit im Quartier sorgen.

FRAGE: *Basierend auf den landesweiten Kartierungen gibt die AGF etwa alle 5 Jahre einen detaillierten Bericht über Bestand und Gefährdung der einzelnen Fledermausarten in Baden-Württemberg heraus. Wie gut erfassen dieses Kartierungsnetz und der Bericht die tatsächliche Situation?*

PROF. DR. EWALD MÜLLER: *Die Qualität jeder Kartierung hängt natürlich vor allem davon ab, wie dicht das Kartierungsnetz ist und über welche Sachkenntnis die einzelnen Kartierer verfügen. In Baden-Württemberg sind wir in der glücklichen Lage, dass inzwischen fast in allen Landesteilen engagierte und fachkundige Personen und Gruppen sich um den Schutz der Fledermäuse kümmern.*
In welchem Maße die bei einer Kartierung erhobenen Daten die reale Bestandssituation widerspiegeln, hängt aber auch von den einzelnen Fledermausarten ab. Während man z.B. beim Großen Mausohr, das seine Wochenstuben fast ausschließlich in Dachräumen von großen Gebäuden einrichtet, davon ausgehen kann, dass mindestens

90% der Weibchenquartiere bekannt sind, ist bei »Baumfledermäusen« wie beispielsweise der Bechsteinfledermaus mit einer erheblichen »Dunkelziffer« zu rechnen. Vergleichsweise wenig wissen wir auch über die Winterquartiere: Im Vergleich zu den im Sommer gefundenen Fledermäusen wissen wir gerade mal von etwa 10% dieser Tiere, wo sie die Wintermonate verbringen.

FRAGE: Sind, eventuell aufgrund steigender Bemühungen im Fledermausschutz und auch im Naturschutz generell, positive Tendenzen in der Bestandsentwicklung bei den Fledermäusen zu verzeichnen?

PROF. DR. EWALD MÜLLER: Nach einem dramatischen Tiefpunkt in der Entwicklung der Fledermausbestände im Verlauf der 60er und 70er Jahre registrieren wir in Baden-Württemberg seit Beginn der 80er Jahre tatsächlich zumindest bei einigen Arten wieder eine leichte Erholung. Als Messlatte hierfür dient uns vor allem eines der wichtigsten Winterquartiere im Land, die Sontheimer Höhle. Diese Schauhöhle wurde bereits vor rund 40 Jahren, als die bedrohliche Entwicklung sich abzeichnete, mit einem »Fledermaustor« versehen, das im Winter geschlossen wird und den in der Höhle überwinternden Fledermäusen einen ungestörten Winterschlaf ermöglicht.

FRAGE: Dank langjähriger konsequenter Arbeit und vieler ehrenamtlicher Mitarbeiter vor Ort verfügt die AGF über recht genaue Informationen zur Situation der Fledermäuse in Baden-Württemberg. Inwieweit kann diese Fachkompetenz bauliche, planerische und politische Entscheidungen in einem für den Fledermausschutz positiven Sinne beeinflussen?

PROF. DR. EWALD MÜLLER: Unser Naturschutzrecht ist, was den Schutz bekannter Quartiere betrifft, tatsächlich recht gut und im Prinzip ausreichend, sofern es konsequent angewendet wird. Eine wichtige Grundlage hierfür ist eine enge und vertrauensvolle Zusammenarbeit zwischen dem behördlichen Naturschutz und den Fledermausschützern vor Ort, was bei uns in Baden-Württemberg in der Regel gut funktioniert. In der Praxis sieht das so aus, dass bei anstehenden Umbau- oder Sanierungsmaßnahmen in Gebäuden die genehmigenden Behörden beim Fledermausschutz anfragen, ob durch das Vorhaben Belange des Fledermausschutzes berührt werden. Trifft das zu, können die lokalen Fledermausschützer bzw. Quartierbetreuer den Ablauf der Maßnahmen in aller Regel so steuern, dass die Fledermäuse nicht oder nur minimal beeinträchtigt werden. Voraussetzung hierfür ist allerdings, dass die Benachrichtigung frühzeitig erfolgt. Außerdem stehen wir in Kontakt mit den kirchlichen Bauämtern. Dies ist wichtig, da die großräumigen Kirchendächer besonders wertvolle Quartiere für eine Reihe von Fledermausarten darstellen.

Weniger günstig sieht es bisher beim Schutz von Jagdbiotopen aus. Ein weiterer wichtiger Aspekt ist die Vernetzung von Wohn- und Nahrungsraum, die bei manchen Fledermäusen bis zu 20 km auseinander liegen können. Beim Weg vom Quartier zum Jagdbiotop folgen die Fledermäuse »Leitstrukturen« in der Landschaft, z.B. Hecken oder Flussläufen. Fehlen diese Strukturen in einer »ausgeräumten« Landschaft oder werden sie beseitigt, wirkt sich das auf die Fledermäuse sehr negativ aus. Kreuzen solche Flugwege z.B. viel befahrene Straßen, kann dies zu einer großen Zahl von Verkehrsopfern unter den Fledermäusen führen. Bei Kenntnis der Flugwege lassen sich solche Konflikte beim Neubau von Straßen vermeiden bzw. Vorkehrungen treffen, die den Fledermäusen ein gefahrloses Überqueren ermöglichen. Meine Hoffnung ist, dass sich die Situation im Zusammenhang mit den neuen europaweit geltenden Richtlinien zum Lebensraumschutz (z.B. FFH-Richtlinie) deutlich verbessert.

FRAGE: Wie weckt die AGF in der Öffentlichkeit Interesse und Bewusstsein für Fledermäuse und

Fledermausschutz? Was ist die Aufgabe des neuen »Flederhauses«?

PROF. DR. EWALD MÜLLER: Ein wichtiger und oft zitierter Spruch im Naturschutz lautet: »Nur was man kennt, kann man auch schützen!« Gerade bei den auch heute noch vielfach als mysteriös oder gar gefährlich betrachteten Fledermäusen ist es besonders wichtig, vorhandene Vorurteile durch intensive Information aus der Welt zu schaffen. Deshalb hat die Öffentlichkeitsarbeit für die AGF einen ganz besonders hohen Stellenwert. Neben unseren Veröffentlichungen über die Kartierungsergebnisse leistet hier eine Wanderausstellung einen wichtigen Beitrag. Die AGF hat sich auch bereits mehrfach bei Landesgartenschauen beteiligt und mit Ausstellungen über den Fledermausschutz informiert. Auf Anfrage verschicken wir auch (gegen Übernahme des Portos) Informationsmaterialien (z. B. Broschüren über die Lebensweise der Fledermäuse, Pläne zum Bau von Fledermauskästen, Naturschutz an/in Gebäuden).

Das »Flederhaus« ist eine Pflege- und Aufzuchtstation für verletzte und verlassene Fledermäuse, die die AGF auf dem Gelände des Vogelschutzzentrums in Mössingen-Ziegelhütte betreibt. Außer den Pflegeaufgaben gehört die Öffentlichkeitsarbeit zu den wesentlichen Zielen dieser Einrichtung. Diese erfolgt im Zentrum selbst und lockt in jedem Jahr mehrere tausend Besucher an. Zusätzlich werden Veranstaltungen in Schulen oder mit Kinder- bzw. Jugendgruppen durchgeführt. Zu dem Angebot gehören auch Exkursionen, bei denen Fledermäuse beobachtet und belauscht werden können. Im »Flederhaus« gibt es darüber hinaus noch gemeinsame Veranstaltungen mit dem »batmobil«, das vom NABU-Landesverband betrieben wird.

FRAGE: *Was raten Sie einem neu gewonnenen Fledermausfreund? Wie kann man sich auch ohne große Vorkenntnis sinnvoll für den Fledermausschutz engagieren?*

PROF. DR. EWALD MÜLLER: Das hängt natürlich sehr davon ab, in welchem Umfange sich jemand aktiv im Fledermausschutz betätigen möchte. Besteht der Wunsch, sich künftig intensiv um Fledermäuse und deren Schutz zu kümmern, dann ist der beste Weg auf jeden Fall, den Kontakt zu Personen und Gruppen zu suchen, die im entsprechenden Gebiet bereits im Fledermausschutz tätig sind. In der gesamten Bundesrepublik gibt es inzwischen Vereine (siehe Anhang).

Für alle, die sich nicht so stark im Fledermausschutz engagieren wollen, gibt es aber auch eine Reihe von Möglichkeiten, den Fledermäusen zu helfen. So eine Hilfe kann bereits aus »Nichtstun« bestehen! Zum Beispiel kann man auf den Einsatz von Pflanzenschutzmitteln im Gartenbereich verzichten oder deren Gebrauch auf ein Minimum beschränken. Das hilft direkt den Insekten zu überleben und nützt indirekt damit auch den Fledermäusen. Auch durch die Umgestaltung von monotonen Rasenflächen in eine Blumenwiese kann man über den gesteigerten Insektenbesuch etwas für die Fledermäuse tun. Aktive Hilfsmaßnahmen sind z. B. im Bereich von Gebäuden möglich, wo in der Regel mit relativ einfachen Mitteln Quartiermöglichkeiten für verschiedene Arten geschaffen werden können. Auch das Aufhängen von Fledermauskästen in geeigneten Gärten oder Baumwiesen hilft, etwas gegen die Quartiernot der Fledermäuse zu tun.

Wer nicht die Möglichkeit hat, selbst solche praktischen Maßnahmen für den Fledermausschutz durchzuführen, kann die zumeist ehrenamtliche Tätigkeit der Fledermausschützer aber auch durch Spenden unterstützen. Die meisten im Fledermausschutz tätigen Vereine sind als gemeinnützig anerkannt, so dass solche Spenden auch steuerlich absetzbar sind. Da die vom Staat zur Verfügung gestellten Mittel bei weitem nicht ausreichen, ist eine solche Unterstützung oft die einzige Möglichkeit, um wenigstens die wichtigsten Maßnahmen im Fledermausschutz zu finanzieren.

Im Nordosten gibt es noch einige wenige Wochenstuben dieser Arten. Sie müssen von den lokalen Fledermausschützern wie ein Kleinod gehütet werden.

Fledermäuse als Kulturfolger

Die Bestände der Wasserfledermaus nehmen in den letzten Jahren deutlich und stetig zu. Auch in Gebieten, in denen andere Arten einen schweren Stand haben oder Populationen rückläufig sind, steigt die Zahl der Wasserfledermäuse. Wahrscheinlich profitieren die Wasserfledermäuse von einer Umweltsünde des Menschen. Durch starke Düngung in der Landwirtschaft werden viele Nährstoffe in die Gewässer eingeschwemmt. In der Folge steigt die Produktivität der Seen, Flüsse und Bäche (bis sie schließlich umkippen!). Nährstoffreiche Bäche bieten unzähligen Insekten eine reiche Kinderstube und entsprechend den Wasserfledermäusen einen gut gedeckten Tisch. Und tatsächlich jagen über solchen Gewässern oder solchen mit Klärabwassereinleitung mehr Wasserfledermäuse als an naturbelassenen.
Natürlich ist es erfreulich, dass der Bestand der Wasserfledermaus einigermaßen gesichert erscheint. Diesen Nebeneffekt hat unser die Umwelt belastendes und veränderndes Verhalten immerhin. Das darf aber nicht zur Rechtfertigung der Gewässerüberdüngung herhalten. Kein vernünftiger Naturschützer wird behaupten, es sei erstrebenswert, die gesamte Gewässerökologie tief greifend durcheinander zu bringen, um eine Tierart besonders zu unterstützen.
Wie die Wasserfledermaus heute, so profitiert das Große Mausohr wahrscheinlich schon seit einigen tausend Jahren von menschlicher Landschaftsgestaltung. Das Mausohr ist darauf spezialisiert, auf offenen Böden große Laufkäfer zu erbeuten. Als Mitteleuropa noch weitgehend von Wald bedeckt war, fanden Mausohren hier nur wenige geeignete Jagdhabitate. In Österreich fanden sich in einer Höhle durch einen glücklichen Umstand konservierte Fledermausskelette aus den letzten 4000 Jahren. Sie stammen von Fledermäusen, die während des Winterschlafes in dieser Höhle verendeten. Diese Skelette erzählen eine hochinteressante Besiedlungsgeschichte.
Bis vor ungefähr 2500 Jahren gab es viel Wald und nur wenige Mausohren. Dafür finden sich aus diesen Zeitabschnitten viele Bechsteinfledermäuse, eine typische Waldfledermausart. Als um Christi Geburt herum die Römer im heutigen Österreich großflächig Wald rodeten, kehrte sich das Verhältnis um: Mausohren dominierten, Bechsteinfledermäuse wurden rarer. Als sich zwischen 400 und ca. 1100 unserer Zeitrechnung die Wälder wieder ausbreiteten, nahm auch der Bestand der Bechsteinfledermaus wieder zu. Im Mittelalter setzte aber eine erneute, anhaltende Rodungswelle ein, und die Bestände brachen erneut ein und haben sich bis heute nicht erholt.
Offene Flächen haben nicht nur Große Mausohren vermehrt nach Mitteleuropa gelockt. Auch unser Feldhase ist ursprünglich

Insektizidschwangere Agrarsteppen bieten Fledermäusen keinen Lebensraum.

Strukturreiche, naturnah bewirtschaftete Landschaften mit Gewässern und Feuchtgebieten bieten Fledermäusen eine gute Lebensgrundlage.

in östlicheren Steppengebieten beheimatet. Erst als der Mensch die Wälder in offenes Ackerland und Weiden verwandelte, konnte er bei uns Fuß fassen.

Wir Menschen haben durch unsere Besiedlung und »Urbarmachung« den Mausohren nicht nur geeignetes Jagdhabitat geschaffen. Menschliche Bauwerke boten den in Südeuropa Höhlen bewohnenden Mausohren auch weiter nördlich geräumige, warme Wochenstubenquartiere.

Ganz vereinzelt gab und gibt es auch hierzulande Mausohrwochenstuben in Höhlen oder Stollen. Die überwältigende Mehrheit ist aber in Kirchen, Schlössern und anderen großen Gebäuden zu finden. Mitteleuropäische Höhlen sind auch im Sommer für die Jungenaufzucht einfach zu kalt.

Das Große Mausohr ist hierzulande also durchaus als »Kulturfolger« zu sehen, der eine lange Besiedlungsgeschichte mit uns Menschen teilt. Die Bechsteinfledermaus hat mit der historischen Umwandlung von Wald in offene Fläche viel von ihrem Lebensraum verloren. Sie ist vielleicht die typischste Fledermaus der verlorenen europäischen Urwälder. Der Schwerpunkt ihres Verbreitungsgebietes liegt hier bei uns in Mitteleuropa. Wenn wir ihre Bestände bei uns nicht schützen, wird die Bechsteinfledermaus ganz von unserem Globus verschwinden.

Wie kann man Fledermäuse schützen?

Fledermäuse kann man nur sinnvoll schützen, wenn man ihren Lebensraum schützt. Wo insektenreiche Feuchtgebiete, Mischwälder mit Altholzbestand und kleinräumige Landwirtschaftsflächen ohne Pestizidbelastung erhalten oder geschaffen werden, da können auch Fledermäuse leben. Es nützt gar nichts, kranke Fledermäuse gesund zu pflegen oder neue Quartiere anzubieten, wenn nur insektizid-durchtränkte Monokulturen als Jagdgebiet zur Verfügung stehen. Natürlich werden wir keinen Zustand mehr erreichen, in dem Mitteleuropa wieder gänzlich waldbedeckt ist wie vor 4000 Jahren. Das ist weder ein realistisches noch ein sinnvolles Naturschutzziel.

Hingegen ist es ein sinnvolles Ziel, die Vielfalt an Landschafts- und Lebensraumtypen des heutigen Mitteleuropa möglichst naturnah zu erhalten und zu bewirtschaften. Dazu zählen auch Lebensräume, die durch die traditionellen Landnutzungsformen entstanden sind: Streuobstwiesen, Wachholderheiden und Trockenrasen, Ackerland mit Feldgehölzen. Naturschutz zielt immer darauf, ganze Ökosysteme

Die Bat Night

Das europäische Fledermaus-Sekretariat (Eurobats) hat 1997 die »European Bat Night« ins Leben gerufen. In ganz Europa dreht sich jeden Spätsommer eine Nacht lang alles um das Leben der Fledermäuse. Von Irland bis Bulgarien und von Schweden bis Portugal sind Fledermäuse und Fledermausschutz das Thema der Nacht. 1999 nahmen bereits 19 europäischen Länder an der internationalen Veranstaltung teil.

Fledermäuse halten sich nicht an Ländergrenzen (fernwandernde Arten wie der Abendsegler schon gleich gar nicht) und da muss im Naturschutz international gedacht (aber lokal gehandelt!) werden. Über die EUROBATS-Homepage sind aktuelle Informationen zu europaweitem Fledermausschutz und den European-Bat-Night-Aktionen zu finden (http://www.eurobats.org, Adresse siehe Anhang).

Engagierte Fledermausschützer organisieren zur Bat Night Informationsveranstaltungen und Begegnungen mit Fledermäusen für die interessierte Öffentlichkeit in ihrem Land, in ihrer Stadt. Dabei stellen sie, häufig mit Taschenlampe und Detektor ausgerüstet, ganz praktisch die Besonderheiten des jeweils regionalen Fledermausbestandes vor. Viele Menschen kommen bei einer Bat Night erstmals mit Fledermäusen in Kontakt, und mancher der neu gewonnenen Fledermausfreunde engagiert sich vor der eigenen Haustür bald ernsthaft für deren Schutz. Lokal, aber in vielen Teilen Europas!

In Deutschland werden Ende August von Fledermausschützern in jedem Jahr in vielen Städten Bat Nights veranstaltet; Tendenz steigend. Zum großen Erfolg trägt maßgeblich das Fest der Fledermäuse in Berlin Anfang September bei. An einem der größten Fledermauswinterquartiere Europas feiern 10000 Fledermausfreunde das Eintreffen der ersten von 10000 Wintergästen. Die 400 Jahre alte Spandauer Zitadelle bietet dafür das ideale Ambiente. Zwischen meterdicken Festungsmauern erleben die Besucher hautnah Fledermäuse und erfahren, dass Fledermäuse und Menschen nicht nur auf dem Lande, sondern auch mitten in der Bundeshauptstadt als direkte Nachbarn zusammenleben.

Das Fest macht auf Fledermausvorkommen aufmerksam und unterstreicht die internationale Bedeutung des Fledermausschutzes. Es bietet ein Forum für den internationalen Erfahrungsaustausch

zwischen engagierten Profis und interessierten Laien. Beliebt bei den Gästen ist vor allem die ausgewogene Mischung aus Unterhaltung und Information. Mit einem großen Spiel- und Bastelbereich wendet sich das Fest insbesondere an Familien. Kleine Besucher erleben die Faszination der Fledermäuse und werden dadurch frühzeitig auf die Anwesenheit von Fledermäusen in der eigenen Umgebung aufmerksam. Die erwachsenen Gäste zieht auch das kulturelle Rahmenprogramm mit Theateraufführungen, Musikbands und Tombola an. Im Info-Forum nutzen Verbände, Behörden und wissenschaftliche Institutionen die Möglichkeit, Fledermausvorkommen und Erfolge von Schutzprogrammen einer breiten Öffentlichkeit zu präsentieren.
Nach Einbruch der Dunkelheit führen Spezialisten zu den schwärmenden Fledermäusen an das Winterquartier. Dabei beobachten die Besucher Fledermäuse in den Gängen der Zitadelle, an der Havel und in den umliegenden Grünanlagen, ohne die Lebensgewohnheiten der Tiere zu stören.
Ein Publikumsmagnet ist der Schauraum mit lebenden Vampirfledermäusen aus Südamerika. Nur durch eine Glasscheibe von den Besuchern getrennt, leben die Fledermäuse unter tropischen Bedingungen. Die Besucher haben die Möglichkeit, die fliegenden Tiere und ihr beeindruckendes Sozialverhalten bei gedämpftem Rotlicht zu beobachten. Dabei geben Fachleute Auskunft über das Leben der Fledermäuse.
Auf dem großen Fest der Fledermäuse in Berlin und bei den vielen weiteren Bat Nights in ungefähr 1000 deutschen Städten und in ganz Europa wird die interessante und für manch einen auch etwas mystische Fledermauswelt für alle Interessierten sichtbar. (Info-Adressen im Anhang.)

Fledermausbeobachtung fasziniert Groß und Klein gleichermaßen. Die Technik macht das spannende Verhalten der nachtaktiven Fledermäuse hörbar und sichtbar.

zu bewahren. Daher ist Naturschutz automatisch Fledermausschutz. Andersherum ist ein stabiles Vorkommen mehrerer Fledermausarten ein guter Anzeiger dafür, dass ein Gebiet relativ intakt und naturbelassen ist. In diesem Sinne sind Fledermäuse tatsächlich Glücksbringer, so wie es eine chinesische Volksweisheit sagt.
Wo diese Voraussetzungen mehr oder weniger gegeben sind, macht es Sinn, sich auch im Speziellen für Fledermäuse einzusetzen. Ein sehr wesentlicher Punkt ist der Schutz ihrer Quartiere. Weil Fledermäuse Traditionstiere sind, kann der Verlust eines angestammten Wochenstubenquartiers die gesamte lokale Population erheblich durcheinander bringen oder sogar vernichten. Die »lokale Population« bekommt eine sehr weiträumige Bedeutung, wenn man bedenkt, dass z.B. Große Mausohren ihre Jagdgebiete in einem Radius von über 20 km um das Wochenstubenquartier herum haben. Wenn so eine Wochenstube zerstört wird, verschwinden mit ihr die Mausohren aus einem Areal von vielleicht 40 km mal 40 km. Bei nur 1 Jungtier pro Weibchen und Jahr und hoher Jungtiersterblichkeit kann es viele Jahre oder gar Jahrzehnte dauern, bis Gebiete wieder neu besiedelt werden.
Für den Erhalt bestehender Quartiere sollte also alles getan

Fledermausfreundlich bauen und renovieren

Da viele Fledermausarten gerne Dachböden, Keller, Mauerritzen, Spalten hinter Hausverkleidungen oder aufgeklappten Fensterläden als Quartier nutzen, sind sie von Umbaumaßnahmen besonders betroffen. Neubauten sind meist frei von Ritzen, Spalten und Mauerlöchern und daher für Fledermäuse gänzlich unattraktiv. Wenn man aber um die Bedürfnisse der Fledermäuse weiß, lassen sich ästhetische und bautechnische Anforderungen an ein Gebäude mit einer Eignung desselben für Fledermäuse durchaus verbinden. Markus Dietz von der Wildbiologie Gießen hat sich im Auftrag des Bundesamtes für Naturschutz mit Architekten, Handwerkern und weiteren Baufachleuten an einen Tisch gesetzt, Erfahrungen zusammengetragen und wertvolle praktische Tipps erarbeitet.

FRAGE: *Ein Haus, das von Fledermäusen als Quartier genutzt wird, soll renoviert werden. Was ist zu beachten, um die Tiere während und nach der Renovierung nicht zu vertreiben?*

MARKUS DIETZ: *Das Wichtigste ist erst mal, dass man das Fledermausquartier schon bei den Planungen berücksichtigt. Dabei sind im Wesentlichen die drei Fragen von Bedeutung, welche Fledermausart und wie viele Tiere nutzen das Quartier, wann im Jahr wird es genutzt und letztlich, wo genau befinden sich die Einflüge und Hangplätze. Sind diese Dinge bekannt, dann muss der Zeitpunkt der Bauarbeiten so gewählt werden, dass das eigentliche Quartier nicht während der Anwesenheit der Fledermäuse beeinträchtigt wird. Als Nächstes muss sichergestellt werden, dass die Hangplätze und Einschlüpfe erhalten bleiben oder vergleichbar wiederhergestellt werden. Fledermäuse sind sehr ortstreu und nutzen ihre Quartiere über viele Jahre. Zu guter Letzt sollte darauf geachtet werden, dass keine gefährdenden Holzschutzmittel verwendet werden. In der Baupraxis sind alle Maßnahmen meist mit wenig Aufwand verbunden, wichtig ist einfach, dass ein Wille dazu da ist.*

FRAGE: *Wissen Architekten und Baufirmen von diesen Fledermausschutzmaßnahmen? Wo kann man sich sonst Rat von Fachleuten holen?*

MARKUS DIETZ: *Für die meisten Hausbesitzer, Architekten und Handwerker sind Fledermausschutzmaßnahmen etwas Neues. Hier muss unbe-*

werden. Zur Wochenstubenzeit müssen Störungen jeder Art unterbleiben. Wie man bei betroffenen Gebäuden auch Umbaumaßnahmen fledermausfreundlich angeht, schildert Markus Dietz im Experten-Interview unten. Für den Fortbestand einer großen Wochenstube ist es natürlich wichtig, dass bestehende Jagd- und Feuchtgebiete im Einzugsgebiet der Wochenstube erhalten und pestizidfrei bleiben.

Wo genügend Jagdgebiete sind, aber wenig Wohnraum für Fledermäuse besteht, können Fledermauskästen und beim Neu- oder Umbau geschaffene Gebäudequartiere für Abhilfe sorgen.

Von ebenso zentraler Bedeutung ist der Schutz von bekannten Winterquartieren, wie ihn Dr. Nagel auf Seite 72 beschreibt. Wenn man die Quartiere von Fledermäusen nicht kennt, kann man auch nichts für deren Erhalt tun. Deshalb ist es wichtig, Fledermausquartiere zu finden, zu kartieren und zentral zu erfassen. Am Beispiel der Arbeitsgemeinschaft Fledermausschutz Baden-Württemberg e.V. (AGF B.-W.) stellen wir im Interview mit Prof. Müller vor, wie so eine Kartierung unter Einsatz vieler ehrenamtlicher Fledermausschützer organisiert ist. Sie ist die Grundlage einer intensiven Schutz- und Öffentlichkeitsarbeit.

dingt verstärkt Aufklärung betrieben werden. Es besteht ja sogar die gesetzliche Verpflichtung zur Erhaltung von Fledermausquartieren, so dass gerade Architekten den Punkt berücksichtigen müssen, vergleichbar den Brandschutzauflagen, Wärmedämmvorgaben usw.

Neubau mit im Mauerwerk integrierten Quartieren für spaltenbewohnende Fledermäuse.

Wir arbeiten seit nunmehr drei Jahren intensiv mit Architekten und Handwerkern zusammen, bieten Seminare an und erstellen Info-Materialien. Mittlerweile haben wir aus den praktischen und theoretischen Kenntnissen einen Ordner erstellt, der das Thema Fledermäuse in der Baupraxis umfassend und mit Bauzeichnungen behandelt. Für die praktische Unterstützung vor Ort gibt es außerdem ein bundesweites Netz von Fledermausschützern. Ein Anruf bei unserem Fledermaus-Infotelefon genügt und wir können Materialien und Ansprechpartner zur Verfügung stellen (siehe Anhang).

FRAGE: *Wenn ein wichtiges Fledermausquartier durch Umbaumaßnahmen zerstört zu werden droht, kann der Eigentümer behördlich zu fledermausfreundlicher Baugestaltung gezwungen werden?*

MARKUS DIETZ: *Grundsätzlich setzen wir immer auf das Prinzip der Freiwilligkeit. Dies funktioniert in den meisten Fällen auch sehr gut. Fledermäuse sind einfach faszinierende Tiere und die Schilderung z.B. der intensiven Mutter-Kind-Beziehungen oder auch der Hinweis auf die vielen tausend Mücken, die ein Tier pro Nacht verspeist, überzeugen die Hausbesitzer. In ganz harten Fäl-*

len muss man aber auch schon mal auf das Bundesnaturschutzgesetz verweisen. Aufgrund ihrer Gefährdung sind Fledermäuse nämlich schon seit den 1930er Jahren besonders geschützt. Ein Quartier darf nicht zerstört werden, es sei denn, es entstehen für den Hausbesitzer unzumutbare Bedingungen. Da dies in der Regel nicht der Fall ist, muss also auch nach den Bauarbeiten den Fledermäusen wieder Unterschlupf gewährt werden.

FRAGE: Gibt es Möglichkeiten, wenn man ein neues Haus baut oder ein altes, in dem noch keine Fledermäuse wohnen, umbaut, das Gebäude für zukünftige Fledermausbesiedlung attraktiv und geeignet zu gestalten?

MARKUS DIETZ: Mittlerweile sind eine ganze Reihe von Möglichkeiten entwickelt, um selbst bei neuen Häusern Unterschlüpfe für Fledermäuse anzubieten. Sie fallen optisch nicht auf und entsprechen auch den neuesten Vorgaben modernen Bauens. Beispielsweise lassen Hausverkleidungen meist zu, dass man einen kleinen Einschlupfspalt vorsieht, so dass sich die kleinen Nachtkobolde zwischen Hauswand und Verkleidung ansiedeln können. Die wenigsten Fledermausarten (hierbei allerdings einige sehr seltene) brauchen den geräumigen Dachboden. Viele sind Spaltenbewohner, die eben auch hinter einem Holzladen oder in einem Mauerhohlraum Platz finden.

FRAGE: Wie wahrscheinlich ist es, dass Fledermäuse so ein neu geschaffenes Quartierangebot tatsächlich annehmen?

Ein altes Fachwerkhaus bietet Fledermäusen viele Quartiere. Mit etwas Fachwissen lassen sie sich bei Renovierungsarbeiten erhalten.

Auch an und um neue Häuser kann man Fledermäusen eine Vielzahl von Quartiertypen bieten.

① Dachboden: Großes Mausohr Wimperfledermaus Graues Langohr

② Unter Dachverschalung bzw. im Flachkasten: Zwergfledermaus

③ In doppelter Bretterwand: Mopsfledermaus

④ Hinter Fensterläden: Kleine Bartfledermaus

⑤ Im Fledermauskasten im waldnahen Garten: Bechsteinfledermaus

MARKUS DIETZ: *Erkundungshungrig, wie Fledermäuse sind, finden sie solche neu geschaffenen Quartiere in und an Häusern. Wenn sie entsprechend warm und zugluftfrei sind, dann werden sie im Sommer bisweilen auch besiedelt. Eine Garantie kann man nie geben, Fledermäuse sind eben Wildtiere. Aber wir haben schon gute Erfahrungen gemacht mit unseren neu gebauten Fledermausquartieren.*

FRAGE: *Stoßen Ihre Vorschläge zu fledermausfreundlichem Bauen und Renovieren auf Interesse bei Bauherren und Architekten?*

MARKUS DIETZ: *Nach ersten zögerlichen Annäherungen fangen viele Architekten und Bauherren richtig Feuer, wenn wir ihnen die Fledermäuse etwas näher gebracht haben. Umgekehrt profitieren wir von deren Erfahrungen. Im Rahmen eines Studentenseminars für angehende Architekten waren sich die Teilnehmer einig, dass fledermausfreundliches Bauen zukünftig genauso berücksichtigt werden müsse wie die Planung von Gründächern oder solare Wärmenutzung.*

FRAGE: *Ist fledermausfreundliches Bauen und Renovieren mit hohen Mehrkosten verbunden? Gibt es eine Möglichkeit, hierfür Zuschüsse zu erhalten?*

MARKUS DIETZ: *Bei rechtzeitiger Planung kosten Fledermausschutzmaßnahmen an Gebäuden fast nichts, im Vergleich zu den Gesamtbausummen. Regional unterschiedlich gibt es auch Förderprogramme, die den Erhalt und die Neuschaffung von Fledermausquartieren unterstützen. Ansprechpartner sind in erster Linie die Unteren Naturschutzbehörden oder eben die regionalen Fledermausbetreuer.*

Ich habe eine Fledermaus gefunden – was tun?

Wie schon zu Anfang dieses Büchleins geschildert, findet man manchmal eine Fledermaus und weiß nicht recht, was zu tun ist. Dr. Ursel Häußler hat langjährige Erfahrung in der Pflege verletzter und kranker Fledermäuse. Unter ihrer Fürsorge sind schon viele Fledermäuse wieder gesund und unter ihrer Anleitung viele Fledermauspfleger ausgebildet worden.

FRAGE: Frau Dr. Häußler, wie sollte man verfahren, wenn man einer geschwächten Fledermaus helfen möchte? Wie andere Wildtiere auch können Fledermäuse unter Umständen Krankheiten auf den Menschen übertragen. Welche Vorsichtsmaßnahmen sind zu treffen?

DR. URSEL HÄUSSLER: Wer auf eine offensichtlich kranke Fledermaus stößt, sollte sich in der Tat vorsehen und nie außer Acht lassen, dass er es mit einem Wildtier zu tun hat. Das Tier sollte möglichst schnell und schonend in Verwahrung genommen und umgehend an einen Fachmann weitergeleitet werden. Als Transportbehältnisse kommen mit »Versecktüchern« ausgestattete Pappschachteln oder stabile Stoffsäckchen, zur Not auch verknotete T-Shirts und dergleichen in Frage. Hauptsache, ausreichende Luftzufuhr und – ebenfalls ganz wichtig – Ausbruchsicherheit sind gewährleistet. Gar nicht amüsant sind nämlich Fledermäuse, die während der Autofahrt plötzlich zwischen den Pedalen herumklettern. Nahezu jeder – außer vielleicht ein ausgesprochener Routinier – wird beim Ergreifen einer noch halbwegs fitten Fledermaus unweigerlich gebissen. Selbst wenn sie scheinbar kaum noch Lebenszeichen von sich geben, verteidigen sich diese Tiere in »Notwehr« manchmal noch energisch. Wenn keine Schutzhandschuhe verfügbar sind, plädieren wir dafür, nicht ungeschützt »handgreiflich« zu werden, sondern auf Distanz zu bleiben und das kranke Tier unter Verwendung von Hilfsmitteln wie Handbesen, Zweigen usw. in den Transportbehälter zu »bugsieren«. Bei kleinen Arten genügt ein festes Tuch oder Ähnliches, um damit das Tier zu fassen. Hat man dann den Patienten endlich »sichergestellt«, sollte man gleich an Ort und Stelle die wichtigsten Funddaten, inklusive Adressen von Anwohnern, festhalten und darüber hinaus seine eigene Anschrift hinterlassen für den Fall, dass weitere Tiere auftauchen oder Leute gebissen wurden und Auskunft über den Gesundheitszustand des Fundtiers erhalten wollen.

Wer Handschuhe verwendet, ist übrigens kein zimperlicher, sondern ein verantwortungsbewusster Mensch, der kein unnötiges Risiko eingeht. Wie der tiefe Biss eines jeden Wildtieres ist auch ein

Die Handaufzucht von jungen Fledermäusen (hier Zwergfledermaus) ist ein sehr heikles Geschäft und sollte allenfalls von sehr erfahrenen »Fledermauspäpplern« in Angriff genommen werden.

Fledermausbiss, der durch die Haut geht, aus gesundheitlicher Sicht keine Bagatelle. Schon wegen der vielen »Fremdkeime« aus dem Maul der Fledermaus, die in die Bisswunde gelangen und unter Umständen Entzündungen hervorrufen. In äußerst seltenen Fällen können auch Fledermäuse an Tollwut erkranken und das Virus durch den Biss übertragen. Da vom regelmäßigen Umgang gerade mit kranken Tieren immer ein gewisses Restrisiko ausgeht, sind heute die meisten Fledermausschützer gegen Tollwut geimpft. Bei Menschen ohne Impfschutz steht nach einem Biss wenigstens eine Tollwutprophylaxe, wenn nicht eine so genannte postexpositionelle Passivimpfung an. Ein Dilemma für den Fledermausfreund ist auch, dass das verdächtige Tier, das zugebissen hat, getötet und auf Tollwut untersucht werden muss.

FRAGE: *Geben die Fundumstände bereits Anhaltspunkte für die Verfassung der Tiere?*

DR. URSEL HÄUßLER: *Gesunde Fledermäuse bekommt man bei Tageslicht so gut wie nie frei zu Gesicht, höchstens mal im Flug. Auch bei unbekannter Vorgeschichte kann man also davon ausgehen: Außerhalb des Quartiers aufgelesene Fledermäuse, die z. B. tagsüber im Freien am Straßenrand sitzen oder ungeschützt an einer Hauswand hängen, sind »nicht in Ordnung« und brauchen unsere Hilfe. Ein hoher Anteil der »Freihänger« besteht aus gerade flügge gewordenen Jungtieren. Viele befinden sich in einer kritischen Verfassung und haben bereits eine längere Leidensphase hinter sich. Nicht selten stellt sich bei näherem Hinsehen heraus, dass ein scheinbar ruhendes Tier schon gar nicht mehr am Leben ist.*

Äußere Verletzungen gehen überwiegend auf das Konto von Hauskatzen, Eulen und Straßenverkehr. Wenn man Glück hat, erweist sich das Fundtier als frisch »traumatisiert«, häufig zwar schlimm zerfleddert, aber immerhin noch bei Kräften. Immer wieder erweisen sich bestimmte Baulichkeiten für Fledermäuse als unentrinnbare Fallen. Dazu zählen Innenräume größerer Bauwerke wie Wohngebäude oder Brücken. Die Tiere fliegen – einzeln oder in Trupps – auf der Quartiersuche durch Einlässe ein und finden nicht mehr hinaus. Wenn sie dort noch lebend entdeckt werden, sind sie oft schon halb vertrocknet und ausgemergelt. Es gibt auch die tragischen Fälle, in denen sich zahlreiche Tiere – meist handelt es sich dabei um Zwergfledermäuse – durch bereits verunglückte Artgenossen in relativ enge, glattwandige Gefäße wie z. B. Glasvasen locken lassen und allesamt darin umkommen.

Mit großer Regelmäßigkeit fliegen im Spätsommer junge Zwergfledermäuse zu Dutzenden in Wohngebäude ein – man spricht von »Invasionen« – und finden anschließend nicht mehr zurück ins Freie. Werden die festsitzenden Winzlinge rechtzeitig gefunden, können sie nach Unterstützungsfütterungen über 1–2 Tage meist schon wieder »raus« und haben dann eine ungeminderte zweite Chance in der Natur.

FRAGE: *Kann man als Laie feststellen, was einer Fledermaus fehlt? Wie verfährt man, wenn das Tier sehr schwach, krank oder verletzt zu sein scheint? Wie leistet man »erste Hilfe« für Fledermäuse?*

DR. URSEL HÄUßLER: *Offensichtlich geschwächte Fledermäuse sind auch für den Laien zu erkennen: 1. So ein Tier bleibt während der Fangaktion schlapp und stumm und macht kaum Anstalten, aus eigener Kraft unter Körperzittern aktiv zu werden. 2. Zwischen Kopf und Schulterblättern ist eine deutliche dreieckige Kuhle zu erkennen. Allerdings sollte der Fledermaus-Neuling dem Patienten stressige Manipulationen und Untersuchungen tunlichst ersparen!*

Hilflos aufgelesene Fledermäuse gehören schnellstmöglich in die Hände von erfahrenen Fachleuten! Wenn man sich nicht auskennt, sollte man auf keinen Fall versuchen, auf eigene Faust klarzukommen, oder gar – in der Not – an dem armen Tier »herumdoktern«. Mit gutem Willen und

aufopfernder Fürsorge allein ist nun mal wenig gewonnen. So ein Wildtier kann alle möglichen Krankheiten und Verletzungen aufweisen, deren Schwere richtig eingeschätzt werden muss und die vielfach eine konsequente Behandlung erfordern, vorausgesetzt, es ist überhaupt noch was zu machen.
Fachleute findet man bei der regionalen Fledermausschutz-Organisation (Liste von Kontaktadressen s. Anhang) oder bei der Naturschutzbehörde. Bis zur Übergabe heißt die Devise: Tier möglichst kühl halten, nicht in die Sonne, keine Autoheizung. Gehen wir davon aus, dass es dem Finder innerhalb weniger Stunden gelingt, die Fledermaus in erfahrene Hände zu geben, bliebe ihm höchstens eines zu tun, sofern es sich um ein offensichtlich geschwächtes Exemplar handelt: dem Tier mit einem Hilfsmittel, Grashalm, Bleistift o.Ä., tropfenweise Wasser ans Maul bringen – nicht auf die Nase.
FRAGE: Was kann man für verlassene Jungtiere tun? Gibt es Aufzuchtmöglichkeiten?
DR. URSEL HÄUßLER: Nicht in jedem Fall sind ausgekühlt am Boden aufgefundene Jungtiere verwaist oder krank. Die gut genährten unter ihnen können – bitte ohne halsbrecherische Kletterpartien – ins Quartier zurückgesetzt werden. Allerdings ist damit den tatsächlich mutterlos gewordenen nicht geholfen, denn Ammendienste sind Fledermäusen im Allgemeinen fremd. Besser man versucht das »Eintrageverhalten« der potenziell noch vorhandenen Fledermausmutter zu aktivieren. Dabei »dockt« das Jungtier an einer Zitze der angelandeten Mutter an, klammert sich fest und wird dann als Luftfracht ins Quartier zurücktransportiert. Um dies zu ermöglichen, postiert man das Junge am Abend in Fundortnähe und lässt es nach der Mutter rufen. Wird es in mehrfachen Versuchen nicht abgeholt, ist das Tierchen nur noch zu retten, wenn sich eine menschliche Ersatzmutter findet, die die Strapazen einer Handaufzucht mit Kunstmilch auf sich nimmt. Handaufzucht ist nur etwas für sehr erfahrene »Fledermauspäppler«! Um die Jungtiere auf die Auswilderung vorzubereiten, brauchen sie große Volieren mit fliegenden Beuteinsekten als »Trainingslager«. Und, machen wir uns nichts vor: Die Zukunft der schon fast aufopferungsvoll großgezogenen Schützlinge ist ungewiss, nüchtern betrachtet sogar ausgesprochen düster. Die natürlichen Ausfälle bei frei lebenden Fledermäusen, d.h. der »vorprogrammierte« Verlust, den eine gesunde Population verkraftet, um nicht zu sagen braucht, belaufen sich auf durchschnittlich etwa 50 % im ersten Lebensjahr. Zwar haben unsere »Aufzuchten« die erste große Hürde, die Phase der »Jungfernflüge«, schon genommen, wenn sie rauskommen. Dafür fehlt ihnen jegliche Ortskenntnis – was womöglich viel schwerer wiegt. Wenn man allerdings als tierlieber Mensch so ein nach der Mutter schreiendes Häufchen Elend von Fledermaus in der Hand hält, ist einem die Statistik vollkommen egal.
FRAGE: Wie stehen die Chancen, eine kranke oder verletzte Fledermaus gesund zu pflegen? Und wie sehen die Überlebenschancen aus, wenn man die Tiere wieder in die Freiheit entlässt? Wie sinnvoll ist die Pflege?
DR. URSEL HÄUßLER: In der freien Natur dürfte das Schicksal einer Fledermaus, die in der warmen Jahreszeit keine Jagdflüge mehr unternehmen kann – ganz entsprechend zu anderen Kleinsäugern, die nicht mehr fressen –, innerhalb kurzer Zeit besiegelt sein – auch wenn die Grunderkrankung oder Verletzung an sich gar nicht tödlich ist. Das Tier wird immer schwächer und gerät zur leichten Beute für interessierte Fleischfresser. Wenn es gelingt, einem solchen Pflegling rechtzeitig per Handfütterung oder – in ganz kritischen Fällen – per Infusionsspritze die nötigen Nährstoffe zuzuführen, so lange, bis er »überm Berg« ist und wieder selber frisst, dann stehen die Genesungschancen in sehr vielen Fällen durchaus günstig.

Natürlich kann es selbst bei noch so guter Versorgung keine Erfolgsgarantie geben. Abgesehen von den Schwerverletzten mit Trümmerbrüchen und Quetschungen, denen oft nicht mehr geholfen werden kann, bereiten auch immer wieder ermattete Tiere Probleme, die trotz intensiver Bemühungen unter Hinzuziehung von Fachtierärzten auf keine Behandlung richtig ansprechen und eingehen. Parasitenbefall und viele mikrobielle Infektionen lassen sich dagegen im Allgemeinen gut behandeln.

Fledermäuse gelten als zäh, was Verletzungen anbelangt. Große Flughautlöcher und selbst eingerissene Flughäute können ohne bleibende Schäden verheilen. Im Gegensatz dazu sieht es für Tiere mit Knochenbrüchen – Stichwort Defektheilung – allgemein schlecht aus. Sie bleiben uns – falls sie überleben – als Dauerpfleglinge erhalten. Ein heikles Thema. Hier stellt sich natürlich die Frage, ob die Haltung irreversibel eingeschränkt oder gar nicht mehr flugfähiger Fledermäuse unter dem Tierschutzaspekt überhaupt vertretbar ist oder ob man solche Tiere nicht doch schweren Herzens einschläfern lassen sollte.

Nach unseren Erfahrungen geht das Bedürfnis zu fliegen bei guter Futterversorgung und günstig ausstaffierten Käfigen sehr zurück. Dies zeigen auch manche mit der Zeit immer flugfauleren Volierenbewohner, die, statt zu trainieren, nur noch die Futterschüssel anfliegen. Rundum günstige Haltungsbedingungen vorausgesetzt, währt ein behütetes Fledermausleben unter Umständen lange. Mein ältester Pflegling, eine handaufgezogene Nordfledermaus – leider nicht voll flugfähig geworden –, wird heuer 10 Jahre alt. Sie hat ständig Kontakt zu anderen Fledermäusen, kommt in die Sommerfrische und hält regelmäßig Winterschlaf. Als gesunder, zahmer »Fußgänger« darf sie bei Info-Veranstaltungen auch mal Sympathiewerbung in eigener Sache betreiben.

Die hohe Kunst der Fledermaushaltung besteht sicher darin, Dauerpfleglingen ein quasi natürliches Sozialleben unter Artgenossen zu verschaffen. Die an sich sehr kontaktfreudigen Tiere sind nicht das ganze Jahr über in allen Konstellationen untereinander verträglich. Im Erfolgsfall ist auch mit Nachwuchs zu rechnen, der dann unter Umständen wieder ausgewildert werden kann.

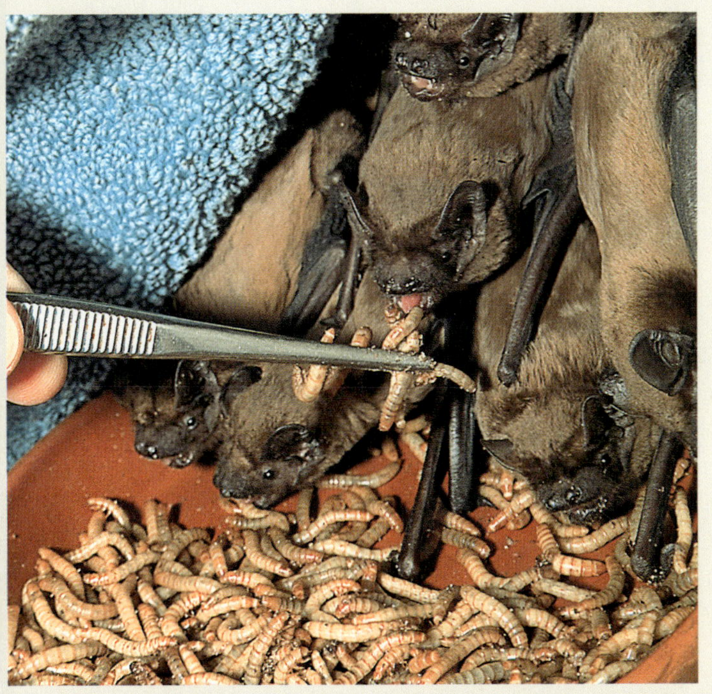

Mehlwürmer sind das Basisfutter für diese Abendsegler und die meisten anderen Fledermauspfleglinge.

Fledermaus-galerie

Fledermaus ist nicht gleich Fledermaus, auch wenn für einen neu gewonnenen Fledermausfreund viele Arten unglaublich ähnlich aussehen. Die verschiedenen Fledermausarten haben hinsichtlich ihres bevorzugten Lebensraumes, ihrer Lebensweise, Beutesuchstrategie und ihrer Quartiere recht verschiedene Vorlieben.

Ein Wort vorab ...

In diesem Kapitel wollen wir Ihnen 24 der etwas über 30 europäischen Fledermausarten in einer bebilderten »Fledermausgalerie« vorstellen. Zu jeder Art werden interessante Informationen über ihr Aussehen, Lebensraum und Verbreitung, Verhalten und den Schutz(status bzw. -bedarf) gegeben.
Die sichere Bestimmung von Fledermäusen erfordert bei vielen Arten große Erfahrung und Kenntnis. Manchmal müssen die kleinen Fledermauszähnchen mit der Lupe betrachtet werden, um anhand einiger Zahnhöcker einen Hinweise darauf zu erhalten, ob man es nun mit dieser oder jener Art zu tun hat. Die Länge des Unterarmes, verschiedener Finger und Fingerglieder sowie Ohrmaße helfen dem Experten bei der Unterscheidung einiger wirklich sehr ähnlich aussehender Arten. Zur Überprüfung dieser Merkmale müssen die Fledermäuse gefangen und längere Zeit in der Hand gehalten werden. Das sollte im Interesse der Tiere nur von erfahrenen Fachleuten durchgeführt werden, und auch nur, wenn eine zweifelsfreie Artbestimmung wirklich wichtig ist.

Der dunkle Bauch, das schwarze Gesicht und die sich über der Nase berührenden Ohren kennzeichnen die Mopsfledermaus.

Einer der Winzlinge unter den europäischen Fledermäusen ist die Rauhautfledermaus.

Einteilung der Fledermäuse in 3 Größen-Gruppen			
	klein	**mittel**	**groß**
Körperlänge (ohne Schwanz)	3–5 cm	4–7 cm	6 bis gut 8 cm
Schwanz(flughaut)-länge	2–5 cm	4–5 cm	knapp 5 bis gut 6 cm
Unterarmlänge (das üblichste »Fledermausmaß«)	knapp 3 bis gut 4 cm	knapp 4 bis 5 cm	5 bis knapp 7 cm
Spannweite	18–25 cm	23–30 cm	32–42 cm
Gewicht (jahreszeitlich stark variabel; schwangere Weibchen und Tiere mit Winterspeck auch schwerer als angegeben)	3–8 g	8–20 g	15–40 g

Wir beschränken uns bei der Vorstellung der Arten auf Merkmale, die in der Regel auch beim hängenden oder sogar im Freiland beim vorbeifliegenden Tier gut sichtbar sind. Wer sich in die Bestimmung von Fledermäusen tiefer einarbeiten will, sollte das zusammen mit einem Fledermausschutzverein und mit Hilfe der Bestimmungsliteratur tun (siehe Anhang).
Um die Größe von Fledermäusen anzugeben, verweisen wir ab und zu auf ähnlich große bekannte Singvögel. Dieser Größenvergleich bezieht sich ausschließlich auf die Spannweite und dient zur Größenabschätzung fliegender Fledermäuse. Die Körperproportionen von Fledermäusen und Singvögeln sind nämlich nicht identisch. So hat z.B. die Wasserfledermaus einen kaum zaunköniggroßen Körper, aber die Spannweite eines Buchfinks. Die Breitflügelfledermaus weist knapp die Spannweite einer Amsel auf, ihr Körper ist aber nur ungefähr so groß wie der einer Kohlmeise.
Wir teilen die Arten grob in die Größenklassen klein, mittel und groß ein. Welche Maße Sie sich dabei ungefähr vorstellen müssen, ist in der Tabelle auf Seite 93 zusammengefasst.
Die hier vorgestellten Arten gehören zoologisch gesehen zu zwei verschiedenen systematischen Gruppen, so genannten Familien: Die überwiegende Anzahl sind Glattnasenfledermäuse (Vespertilionidae), die ihre Echoortungslaute durch das geöffnete Maul ausstoßen (Ausnahme Langohren; siehe Seite 116-117). Die zwei letzten Arten gehören zu den Hufeisennasen (Rhinolophidea); sie strahlen ihre Ortungslaute über einen filigranen Nasenaufsatz ab.

Das Großes Mausohr fängt seine Beute gerne von offenen Böden.

Großes Mausohr
(Myotis myotis)

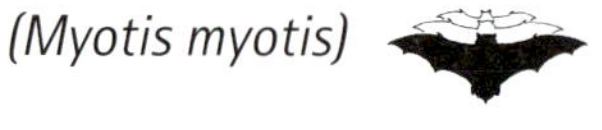

Aussehen: Das Große Mausohr ist die größte heimische Fledermaus. Ein fliegendes Mausohr bringt es immerhin auf die Spannweite einer Amsel. Ein sitzendes Tier ist etwas größer als eine Zigarettenpackung. (Ich bin überzeugter Nichtraucher und bringe diesen geschmacklosen Vergleich nur, weil sich wohl jeder die Größe einer Zigarettenpackung gut vorstellen kann.)
Das Große Mausohr ist der Gattung der Mausohren (wissenschaftlich *Myotis*) zuzurechnen. Oft wird das Große Mausohr einfach nur als Mausohr bezeichnet, und dann ist die Verwirrung komplett. Ist mit Mausohren nun die ganze Gattung gemeint oder nur die eine Art? Um uns dieses Verwirrspiels zu entledigen, wollen wir das Große Mausohr hier brav mit vollem Namen nennen.
Die Gattung der Mausohren ist mit über 90 Arten die weltweit artenreichste Fledermausgattung. In Europa kommen (mindestens!) 10 *Myotis*-Arten vor, die auf den

nachfolgenden Seiten kurz vorgestellt werden. Damit stellen die Mausohren ein stattliches Drittel aller Fledermausarten unseres Kontinents. Grund genug, hier auf ein Merkmal aufmerksam zu machen, das die ganze Gattung kennzeichnet: relativ große, schlanke Ohren (ein bisschen mäuseartig; daher auch der Gattungsname). Schlank heißt, dass *Myotis*-Ohren länger sind als breit. Bei den meisten Arten ist ein auffällig langer Tragus (Ohrdeckel) zu sehen, der die Form einer Lanzettspitze hat. Beim Großen Mausohr erreicht er fast die halbe Ohrlänge. Ein weiteres *Myotis*-Kennzeichen ist der auffallend weißliche Bauch, den bis auf die Bartfledermäuse alle Arten zeigen. Während man die Ohren natürlich nur bei sitzenden Tieren genauer betrachten kann, ist der helle Bauch einer vorbeifliegenden *Myotis*-Fledermaus auch im Taschenlampenstrahl nachts im Freiland zu sehen.

Lebensraum und Verbreitung: Große Mausohren findet man in ganz Mittel- und Südeuropa. Wahrscheinlich haben sie in Mitteleuropa erst so richtig Fuß gefasst, als der Mensch Wälder gerodet und offene Landschaften geschaffen hat. Große Mausohren jagen nämlich gerne über offenen Böden, wie sie sie in natürlichen Trockenhängen und Karstgebieten, aber eben auch auf Ackerflächen, frisch gemähten Wiesen und in unterwuchsarmen Wäldern finden.
In Südeuropa wohnen sie ganzjährig in Höhlen. Bei uns beziehen sie im Sommer lieber warme Dachböden als Wochenstubenquartier. Durchaus einige Schlösser und Dorfkirchen in Deutschland dürfen sich rühmen, eine über 500-köpfige Wochenstubengesellschaft zu beherbergen.
So eine stattliche Fledermausansammlung produziert frei Haus beträchtliche Mengen eines bei Gartenkennern sehr begehrten Düngers: Fledermauskot. Einfach im Frühjahr, bevor die Tiere kommen, unter dem Hangplatz eine große Folie auslegen; im Herbst kann dann »geerntet« werden (Kotstaub nicht einatmen!).

Verhalten: Große Mausohren ernähren sich hauptsächlich von großen Laufkäfern und Mistkäfern. Diese finden sie, indem sie mit ihren großen Ohren nach Käfer-Krabbelgräuschen horchen. Dabei jagen sie gerne im tiefen Flug über offenen Böden und werfen sich aus der Luft auf ihre Beute. Blitzschnell packen sie den Käfer, der irgendwo unter Flügeln, Schwanzflughaut oder Körper gefangen liegt, und fliegen wieder auf. Wenn sie einmal neben dem Käfer gelandet sind, können Große Mausohren ihre Beute sogar »zu Fuß« ein kleines Stück verfolgen. Übrigens sind Laufkäfer (für die menschliche Nase stinken viele ohnehin ungemein!) keine ganz ungefährliche Nahrungsquelle: Manchmal findet man Große Mausohren, denen Käfermundwerkzeuge fest verbissen in Nase oder Lippe hängen.

Schutz: Nach sehr starken Populationseinbrüchen in den 1970er Jahren steht es heute wieder etwas besser um den Bestand an Großen Mausohren. Wichtig ist, wenig Insektizide in der Landwirtschaft anzuwenden, um ihre Beute nicht zu vergiften. Großen Mausohren sind ganz essenziell auf den Erhalt ihrer Quartiere angewiesen, die bei uns fast ausschließlich in menschlichen Behausungen liegen. Wenn eine Kolonie ihr Wochenstubenquartier verliert und vertrieben wird, dann verschwindet die Art aus einem beträchtlichen Gebiet: Große Mausohren haben ihre Jagdgebiete in einem Umkreis von 20 km um ihr Zuhause!

Kleines Mausohr
(Myotis blythii)

Aussehen: Das Kleine Mausohr ist die Schwesterart des Großen Mausohrs. Und das sieht man sofort. Kleine und Große Mausohren gleichen sich so sehr (eher noch wie Zwillinge denn wie gewöhnliche Geschwister einander), dass man ganz große Mühe hat, lebende Tiere überhaupt sicher der einen oder der

Kleines Mausohr; schwach ist der typisch weiße Stirnfleck sichtbar.

anderen Art zuzuordnen. Für den Fall, dass man es einmal ganz genau wissen muss, haben Schweizer Wissenschaftler sogar eine Methode entwickelt, anhand einer Blutprobe das Kleine und das Große Mausohr zu unterscheiden.

Kleine Mausohren machen einen etwas zarteren Eindruck als Große Mausohren und haben geringfügig schlankere Ohren. Die Körpergrößenbereiche der beiden Arten überschneiden sich jedoch stark. Bei vielen Kleinen Mausohren findet sich ein kleiner weißlicher Fellfleck auf der Stirn. Bei unserem Tier auf dem Foto ist er nur schwach zu sehen.

Lebensraum und Verbreitung: Die frappante Ähnlichkeit der beiden Mausohren ist für Fledermausfreunde in Deutschland kein allzu großes Problem. Hier gibt es nämlich nur das Große Mausohr. Kleine Mausohren kommen (bisher!) nicht nördlicher vor als Österreich und die Schweiz, wo sie, wie ihre Großmausohr-Vettern bei uns, häufig in Kirchendachstühlen wohnen. Gegen Süden unseres Kontinents werden sie häufiger. Gerne hängen sie zusammen mit Großen Mausohren in Höhlen und dann wird die Bestimmung der Tiere ganz schön kniffelig.

Kleine Mausohren gibt es bis nach Zentralasien hinein. Wahrscheinlich hat sich die Art sogar dort entwickelt. In Kirghisistan z. B. finden sie ihren bevorzugten Lebensraumtyp: weite Steppen und Grasländer. Auch hier in Europa jagen Kleine Mausohren vornehmlich über hohen Wiesen.

Verhalten: Im tiefen Jagdflug über die Wiesen und Steppen suchen Kleine Mausohren nach ihrer liebsten Beute: Heupferde und andere Heuschrecken. Jedes Kleine Mausohr hat seine individuellen Jagdgebiete, die es Nacht für Nacht aufsucht. Wenn aber irgendwo ein lokales Massenaufkommen von Maikäfern geboten ist, lassen die Tiere sich schon mal darauf ein, von der gewohnten Jagdroute abzuweichen und sich an der »Käferschwemme« gütlich zu tun. So ein Festmahl lassen sich auch die Großen Mausohren aus der Umgegend nicht entgehen und dann kann man sie »Seite an Seite« mit den Kleinen Mausohren jagen sehen (wenn man unverschämtes Glück hat!).

Schutz: Weil die Unterscheidung vom Großen Mausohr so schwierig ist, kann über den Bestand des Kleinen Mausohres nichts Sicheres gesagt werden.

Bechsteinfledermaus
(Myotis bechsteinii)

Aussehen: Das augenfälligste Merkmal der Bechsteinfledermaus ist ja schon mehrfach in diesem Buch angesprochen worden: ihre großen Ohren. Wenn man sie in Gedanken (!) nach vorne klappt, dann überragen sie die Schnauzenspitze deutlich. Die großen Ohren und die gut sichtbaren schwarz glänzenden Äuglein verleihen der Bechsteinfledermaus einen sehr aufmerksamen, gleichzeitig aber empfindlichen Ausdruck. Ich finde, sie ist eine der schönsten Fledermausarten Europas.

Lebensraum und Verbreitung: Die Bechsteinfledermaus ist die typische Fledermausart europäischer Laubmischwälder schlechthin. Deutschland liegt im Herzen ihres Verbreitungsgebietes. Bechsteinfledermäuse leben ausschließlich in Wäldern. Dort brauchen sie ein ausreichendes Nahrungsangebot und Wohnraum in alten Spechthöhlen. Gerne beziehen sie auch Fledermausrundkästen oder Vogelnistkästen.

Verhalten: Im Vergleich zu anderen Fledermausarten führen die »Bechsteins« ein recht kleinräumiges Leben. Von ihren Wochenstubenquartieren bis ins persönliche Jagdgebiet haben sie oft nur ein paar hundert Meter zu fliegen. In ihren ebenfalls relativ kleinen Jagdgebieten nutzen sie dafür den Raum in allen drei Dimensionen. In langsamem Flug auf breiten Flügeln fahnden sie vom Waldboden bis hinauf in die Baumwipfel nach Fressbarem. Dabei halten sie stets ihre »Hörrohre« aufgestellt, damit ihnen kein Krabbeln, Surren oder Falterflattern entgeht, das die nächste Mahlzeit ankündigen könnte. Die Echos ihrer sehr leisen Ortungslaute verwendet sie, um sich ein Bild von ihrer Umwelt zu machen.

Die Wochenstubengemeinschaften der Bechsteinfledermäuse

Bechsteinfledermaus.

wechseln alle paar Tage das Quartier. Wahrscheinlich tun sie das, um der wachsenden Besiedlung ihrer Behausung durch Milben und Fledermausfliegen zu entgehen. Außerdem teilt sich eine Wochenstubengemeinschaft oft in mehrere Untergruppen auf, die in verschiedenen Quartieren in einigen Dutzend Meter Entfernung voneinander zu finden sind. Folglich ist dieser Art ein Angebot mehrerer Fledermauskästen in einem Waldareal sehr dienlich.

Schutz: Die Bechsteinfledermaus ist auf natürliche oder naturnahe Laubmischwälder angewiesen. Da wir Mitteleuropäer mitten im Verbreitungsschwerpunkt der Art leben, wird es wesentlich von unserem Verhalten abhängen, ob die gefährdeten Bestände der Bechsteinfledermaus dauerhaft gesichert werden können.

Aufmerksam ortet diese Wimperfledermaus inmitten der Kolonie.

Wimperfledermaus

(Myotis emarginatus)

Aussehen: Wimperfledermäuse haben einen charakteristischen rotbraunen Schimmer im Rückenfell. Der rührt von der Spitze der langen, wollig wirkenden Haare her. Ihren Namen hat die Wimperfledermaus von einigen kurzen Härchen, die den Saum der Schwanzflughaut »bewimpern«. Gut zu sehen auf dem Foto ist das schlanke *Myotis*-Ohr mit langem, schmalem Tragus, das für die ganze Gattung typisch ist. Eine fliegende Wimperfledermaus hat ungefähr die Spannweite einer Kohlmeise.

Lebensraum und Verbreitung: Wimperfledermäuse sind wärmeliebende Südeuropäer. Im Weinklima des Rheingrabens und im milden bayerischen Rosenheimer Becken halten sie es gerade noch aus. Dort gibt es einige wenige Wochenstuben dieser Fledermausart. Weiter nördlich sind sie nicht mehr anzutreffen. Im Süden haben sie ihre Wochenstubenquartiere in Felshöhlen. Hier im kühlen Deutschland wählen sie warme Dachstühle, wo sie wie Große Mausohren frei im Gebälk hängen.

Verhalten: Wimperfledermäuse jagen in traditionellen Kulturlandschaften, Parks und an Waldkanten, wo ihnen pestizidfreie (oder jedenfalls -arme) Beute zur Verfügung steht. Spinnen und Fliegen stehen ganz oben auf ihrem Speisezettel. Spinnen können sie mit Echoortung entdecken und erbeuten, wenn diese an Gespinstfäden vor dem Blattwerk hängen. Mehrfach ist bekannt geworden, dass Wimperfledermäuse in Kuhställen auf Fliegenjagd gehen. Bei einer fledermausfreundlichen Landwirtsfamilie im Badischen hat sich eine Wimperfledermauswochenstube im wohlig warmen Kuhstall sogar einen Deckenbalken zum Quartier erkoren (siehe Seite 60). Wenn die Schwalben sich zur Nachtruhe auf ihre Nester zurückziehen, lösen die Fledermäuse sie bei der Fliegenjagd ab. Wo so fleißige Fliegenjäger im Stall zu Gange sind, sollte man übrigens

auf Klebefallen für Fliegen verzichten. Daran ist nämlich auch schon manche Fledermaus hängen geblieben und gestorben.
Schutz: Gerade mal ein knappes Dutzend Wochenstuben sind in (Süd-)Deutschland bekannt. Für deren Erhalt sollte alles getan werden, damit die Wimperfledermaus bei uns erhalten bleibt und sich vielleicht sogar wieder ein bisschen ausbreiten kann. Sicherlich gibt es viele Landwirte, die den Fliegenjägern gerne ihren Stall als interessantes Jagdgebiet anempfehlen möchten.

Fransenfledermaus
(Myotis nattereri)

Aussehen: Fransig ist der Schwanzflughautsaum der Fransenfledermaus. Viele kurze Härchen verleihen ihm dieses Bild. Die Härchen fungieren vielleicht als Tasthaare, mit denen die Fransenfledermaus ihre Beute beim Fang spüren kann. An der Schwanzflughaut finden wir gleich noch ein gutes Bestimmungsmerkmal für diese Fledermausart: Der Calcar (die Knochenspange, die die Schwanzflughaut aufspannt) ist deutlich S-förmig geschwungen. Das gibt der Schwanzflughaut beim fliegenden Tier eine herzförmige Form, wie man auf dem Foto sehen kann. Das kann man natürlich im Freiland nachts nicht sehen, wenn einem eine Fransenfledermaus um den Kopf fliegt. Auf dem Foto kann man auch den langen, schmalen Tragus gut erkennen, der bei der Fransenfledermaus mehr als halbe Ohrlänge hat.
Lebensraum und Verbreitung: Fransenfledermäuse beziehen Quartier in Baumhöhlen, Fledermauskästen und allerlei kleineren Hohlräumen an und in menschlichen Behausungen. Wie die Bechsteinfledermäuse wechseln sie recht häufig die Wohnstatt. Im Umkreis von ungefähr 3 km um die Quartiere haben sie ihre Jagdgebiete. Sie nutzen Wälder und Gewässer ebenso wie Streuobstwiesen oder extensive, traditionell bestellte Landwirtschaftsflächen. Sie fliegen und jagen stets nahe an der Vegetation.
Verhalten: Die Echoortungslaute beutesuchender Fransenfledermäuse sind die kürzesten und breitbandigsten Suchlaute europäischer Fledermäuse (deshalb klingen sie im Detektor sehr »trocken«; siehe Kasten »Fledermausdetektoren und Lautanalyse«). Damit sind sie hervorragend dazu geeignet, Spinnen oder Raupen, die an Spinnfäden vor Blattwerk baumeln,

Fransenfledermaus mit im Flug typisch herzförmiger Schwanzflughaut.

aufzuspüren (siehe Echoortungskapitel). Auch verschiedene Fliegen und Käfer bereichern den Speiseplan der Fransenfledermäuse.
Frühmorgens, ungefähr 1 Stunde vor Sonnenaufgang, sammeln sich die Fledermäuse in der Nähe ihres Quartiers. Eine nach der anderen kommt vom Jagdgeschäft der Nacht nach Hause. Die Tiere fliegen aber nicht sofort ins Quartier ein, sondern kreisen zusammen für beinahe eine Stunde um den Tageshangplatz. Dieses allmorgendliche Schwärmen dient wahrscheinlich dazu, Informationen zwischen den Tieren auszutauschen. Zumindest »einigt« sich die Fledermausgemeinschaft auf das aktuelle Quartier. Schon mehrmals habe ich beobachtet, wie einzelne Fransenfledermäuse morgens spät von der Jagd zum Tagesquartier zurückkamen, das die Kolonie am Tag zuvor genutzt hatte. Sie kreisten einmal um das nun leere Quartier, fanden keine schwärmenden Artgenossen vor und zogen sofort weiter. Nicht nur Fransenfledermäuse, sondern die meisten anderen *Myotis*-Arten und auch weitere Fledermäuse schwärmen morgens um ihr Quartier. Wenn die Vögel anfangen zu singen, verschwinden die letzten Fledermäuse.

Schutz: Einige Wochenstuben sind bekannt. Die Fransenfledermaus gilt dennoch als gefährdet und sollte wie alle Fledermäuse unseren Schutz genießen.

Große Bartfledermaus.

Große Bartfledermaus
(Myotis brandtii)

Aussehen: Die Große und die Kleine Bartfledermaus sind geradeso ein verzwicktes Pärchen wie das Große und das Kleine Mausohr. Lebende Tiere mit letzter Sicherheit der einen oder der anderen Art zuzuordnen ist selbst für Spezialisten ein Problem. Die beiden Mausohren sind die größten der 10 europäischen *Myotis*-Arten (Körper zigarettenschachtelgroß), die beiden Bartfledermäuse sind die kleinsten. Sie bringen es noch nicht einmal auf die Größe einer Streichholzschachtel. Zusammen mit den Zwerg- und Mückenfledermäusen und den Kleinen Hufeisennasen sind sie die Winzlinge der europäischen Fledermäuse. Obwohl ihr Körper viel kleiner wirkt als der unserer allerkleinsten Singvögel, bringen sie es immerhin auf die Spannweite einer Blaumeise. Die Bartfledermäuse haben zwar keinen ganz so auffallend weißlichen Bauch wie die übrigen *Myotis*-Arten, aber die typischen schlanken *Myotis*-Ohren mit langem, schmalem Tragus fehlen nicht. Daran kann man sie gut von den gleich kleinen Zwergfledermäusen unterscheiden. Ein Blick auf das Foto Seite 112 zeigt zum Vergleich die kürzeren, breiteren Zwergfledermausohren.

Um Große von Kleinen Bartfledermäusen zu unterscheiden, muss man eine Vielzahl von Merkmalen heranziehen: Ohr und Zähne, Fell und Flügelspitze wollen im wahrsten Sinne des Wortes »unter die Lupe« genommen werden. Bei Bedarf sind die Merkmale in einem Bestimmungsbuch zu finden (siehe Anhang). Sie am lebenden Tier zu erkennen erfordert jedoch viel Erfahrung. Leichter wird die Angelegenheit, wenn man es mit einer erwachsenen, männlichen Bartfledermaus zu tun hat. Dann verrät ein am Vorderende knubbelig verdickter Penis eine Große Bartfledermaus. Der Kleinen Bartfledermaus fehlt diese Verdickung.

Lebensraum und Verbreitung: Große Bartfledermäuse jagen in Wäldern, an Waldrändern und über Waldgewässern. Sie beziehen Quartier in Kirchendächern, Spalten und auch in Flachkästen für Fledermäuse.

Verhalten: Sie sind wendige Flieger, die ihre Beute mit der Schwanzflughaut aus der Luft »keschern«.Wie man aus Kotanalysen weiß, fressen sie auch Spinnen, die sie vielleicht auch vom Faden fangen.

Schutz: Weil die Unterscheidung von der Kleinen Bartfledermaus so schwierig ist, werden in vielen Bestandserhebungen die beiden Bartfledermäuse zusammen erfasst und geführt. Oft kann also die Bestandssituation für die einzelne Art nur ungenau eingeschätzt werden. In Süddeutschland ist die Große Bartfledermaus ausgesprochen selten. In ganz Baden-Württemberg sind z.B. nur 3 Sommerquartiere bekannt. Generell gilt sie als stark gefährdet.

Kleine Bartfledermaus, die kleinste heimische *Myotis*-Art.

Kleine Bartfledermaus
(Myotis mystacinus)

Aussehen: Die Kleine Bartfledermaus ist zwar nur geringfügig kleiner als die Große Bartfledermaus, aber ein wahrer

Winzling ist sie allemal. Auch sie hat ungefähr die Spannweite einer Blaumeise.

Lebensraum und Verbreitung: Kleine Bartfledermäuse verdrücken sich gern in engen Spalten. An Häusern finden sie solche Spalten zwischen Hauswand und geöffneten hölzernen Fensterläden, ein ganz typisches Quartier der Kleinen Bartfledermaus. Kleine, schwarze Kotkrümelchen an der Hauswand verraten, dass Fledermäuse hinter den Fensterläden wohnen. Leider kommen die Läden aus der Mode und den fliegenden Untermietern wird manchmal das Dach über dem Kopf wegrenoviert.

Verhalten: Hier haben wir es mit einer ausgesprochen lebhaften Fledermaus zu tun. Selbst kranke Kleine Bartfledermäuse, die als Pfleglinge gepäppelt werden, sind als »Ausbrecherkönige« berüchtigt. Diese winzigen Spaltenbewohner drücken sich durch jede noch so schmale Ritze aus dem Käfig.

Auf Beutesuche gehen Kleine Bartfledermäuse an Gewässern und Waldrändern, in Parks und dörflichen Landstrichen mit Hecken und Baumgruppen. Auch um Straßenlampen herum kann man sie nach kleinen Insekten jagen sehen, die sie wendig verfolgen und in der Luft erbeuten. Sie jagen meist nicht so dicht an der Vegetation wie etwa Fransen- oder Bechsteinfledermaus, sondern halten ein paar Meter Abstand zum Boden und zum Gebüsch.

Schutz: Die Kleine Bartfledermaus ist häufiger als die Große Bartfledermaus. Auch sie muss aber als gefährdet eingestuft werden. Da die Tiere häufig an Gebäuden wohnen, sind sie von Quartierzerstörungen durch Umbau besonders betroffen.

Wasserfledermaus
(Myotis daubentonii)

Aussehen: Die Wasserfledermaus wurde ja schon im ersten und zweiten Kapitel dieses Buches ausführlich vorgestellt. Zu ihrer Gestalt bleibt also gar nicht mehr viel zu sagen. Nachdem wir nun schon einige andere *Myotis*-Arten kennen gelernt haben, erkennen wir bei einem weiteren Blick auf die Wasserfledermaus, dass sie mit ihrem weißen Bauch und den schlanken Ohren auch zur Gattung *Myotis* gehört. Ihr Tragus ist übrigens deutlich kürzer als z.B. der der Fransenfledermaus. Die Wasserfledermaus hat beeindruckend kräftige und behaarte Füße, mit denen sie treibende Insekten von der Wasseroberfläche greifen kann.

Lebensraum und Verbreitung: Wasserfledermäuse jagen über Wasser, wie schon ihr Name sagt. Neue Untersuchungen haben sogar gezeigt, dass sie über 95% ihrer allnächtlichen Jagdzeit über Flüssen, Bächen und Seen verbringen. Um so etwas zu erforschen, befestigen Biologen ultraleichte Mini-Sender im Rückenfell der Fledermäuse. Mit Peilantennen stellen sie dann fortwährend die Position des besenderten Tieres fest (die Methode wird Telemetrie genannt). So entsteht mit Hilfe moderner Technik ein Bild in Raum und Zeit, das die Aktivität der Fledermaus wiedergibt.

Verhalten: Wasserfledermäuse bevorzugen ruhige, glatte Wasseroberflächen ohne viel Entengrütze, Schilf oder sonstige Wasservegetation. Auf glattem Wasser finden sie nämlich ihre Beute (Zuckmücken und andere treibende Insekten, die ins Wasser gefallen sind) am leichtesten. Dort stört kein Echo-wirr-warr von Wasservegetation die Insektenjäger bei ihrem Ortungsgeschäft. In 10–30 cm Höhe schießen sie über den glatten Wasserspiegel dahin. Wenn der Wind die Oberfläche zu sehr kräuselt oder Samen und Wasserpflanzen umhertreiben, wird das Beutefinden auf der Oberfläche schwieriger. Dann steigen die Wasserfledermäuse auf ein paar Meter Flughöhe auf und fangen Insekten aus der Luft. In einer einzigen Nacht kann eine Wasserfledermaus bis zu

Rechte Seite: Wasserfledermaus.

200 km Flugstrecke hinter sich bringen. Vom Tagesquartier, das Wasserfledermäuse gerne in Baumhöhlen beziehen, bis zum Jagdgebiet sind es »nur« ein paar Kilometer. Das Gros der gewaltigen nächtlichen Flugleistung absolvieren die Tiere in beständigem Patrouilleflug in ihrem Jagdgebiet: hin und zurück, hin und zurück über einen See oder Flussabschnitt, immer auf der Suche nach Futter.

Schutz: Erfreulicherweise ist der Bestand der Wasserfledermaus hierzulande einigermaßen gesichert. Das liegt wohl zum Teil daran, dass unsere durch Düngemittel aus der Landwirtschaft und Klärabwassereinleitung sehr nährstoffreichen Gewässer (zu!) viele Insekten produzieren. Für die Wasserfledermaus ist der Tisch reich gedeckt.

Teichfledermaus *(Myotis dasycneme)*

Aussehen: Die Teichfledermaus ist eine große Ausgabe der Wasserfledermaus. Wie diese hat sie sehr kräftige Füße; Ohren und Tragus sind für *Myotis*-Verhältnisse kurz. Es ist schwierig und erfordert viel Erfahrung, im Freiland jagende Teich- und Wasserfledermäuse zu unterscheiden.

Lebensraum und Verbreitung: Wie Wasserfledermäuse jagen auch Teichfledermäuse hauptsächlich über Flüssen, Bächen

Teichfledermaus.

und Seen. Aus dem Namen Teichfledermaus darf nicht geschlossen werden, dass diese Tiere besonders gerne kleine Gewässer als Jagdgebiet wählen. Das Gegenteil ist der Fall. Teichfledermäuse findet man nämlich eher über etwas größeren Gewässern, über die sie in schnellem und geradlinigem Flug hinwegstreichen. Im Gegensatz dazu jagen Wasserfledermäuse in eher kurvigem Flug und kleinräumiger.

Ein typischer Lebensraum der Teichfledermaus sind die Kanäle in den Niederlanden. Auch in Norddeutschland und Südosteuropa, vor allem aber in Osteuropa und anschließenden asiatischen Gebieten kommt diese Art vor. In Süddeutschland gibt es bisher noch keine Nachweise und generell sind Teichfledermäuse wesentlich seltener als Wasserfledermäuse. Deshalb darf man davon ausgehen, dass eine in weniger als einem Meter Höhe über Gewässern jagende Fledermaus in Deutschland zumeist eine Wasserfledermaus ist.

Verhalten: Teichfledermäuse erbeuten hauptsächlich Zuckmücken, die über der Wasseroberfläche schwärmen. Außerdem greifen sie treibende Insekten mit ihren Hinterfüßen direkt von der Wasseroberfläche. Kenner der Teichfledermaus berichten, dass sie häufig geringfügig höher über der Wasseroberfläche fliegen als Wasserfledermäuse, die manchmal über dem gleichen Gewässer jagen.

Es ist ein interessantes Phänomen, dass männliche Teichfledermäuse sich im Sommer zu regelrechten Männchenkolonien zusammenschließen,

wie z. B. eine bei Walter Milius unter dem Dach zu finden ist (siehe S. 56). Wahrscheinlich profitieren die Männchen von der Wärme der Masse und vielleicht erhalten sie von ihren »Kollegen« auch Tipps bezüglich besonders interessanter Jagdgebiete. Auch von Wasserfledermäusen sind übrigens solche Männchenkolonien bekannt.
Schutz: Da Teichfledermäuse bei uns sehr selten sind und es um ihren Bestand auch in den meisten unserer Nachbarländer nicht zum Besten bestellt ist, müssen alle bekannten Quartiere unbedingt erhalten bleiben. Auch der Schutz der umliegenden Jagdgebiete ist natürlich erforderlich.

Langfußfledermaus.

Unten: Die mediterrane Langfußfledermaus zeigt ein sehr ähnliches Jagdverhalten wie unsere heimische Wasserfledermaus.

Langfußfledermaus
(Myotis capaccinii)

Aussehen: Die letzte der 10 europäischen *Myotis*-Arten, die in diesem Buch besprochen werden. Wie die Teichfledermaus, so sieht auch die Langfußfledermaus einer Wasserfledermaus auf den ersten Blick recht ähnlich. Das liegt daran, dass die Langfußfledermaus ebenfalls darauf spezialisiert ist, über Gewässern zu jagen. So hat auch sie auffällig große und kräftige Füße, mit denen sie Beuteinsekten direkt von der Wasseroberfläche greifen kann. Ihre Flügel sind, wie die ihrer Gewässer bejagenden Kollegen, relativ lang und schmal. Das befähigt sie zum schnellen Jagdflug. Im Gegensatz dazu sind die Flügel von *Myotis*-Arten, die im Wald und am Gebüsch jagen (Fransen-, Wimper-, Bechsteinfledermaus), etwas kürzer und wesentlich breiter, was diese Arten langsam und manövrierfähig fliegen lässt. Langfuß- und Wasserfledermaus sind außerdem fast gleich groß.
Ein zweiter Blick auf die Langfußfledermaus zeigt aber doch einige typische Besonderheiten. Zunächst fällt ihre knubbelige Nase mit den vorspringenden Nasenlöchern auf. Ihr Fell ist etwas gräulicher als das der braunen Wasserfledermaus. Außerdem ist ihre Schwanzflughaut außen wie innen deutlich

behaart, was sie von allen anderen *Myotis*-Arten unterscheidet. In der Körpergröße entspricht sie jedoch ziemlich exakt der Wasserfledermaus.

Lebensraum und Verbreitung: Die bevorzugten Jagdhabitate der Langfußfledermaus sind denen der Wasserfledermaus ausgesprochen ähnlich: Flüsse, Seen und Bäche. Vielleicht sind sich die Lebensraumansprüche sogar zu ähnlich? Ihre Verbreitungsgebiete überlappen sich nämlich nur wenig. Während die Wasserfledermaus in ganz Zentraleuropa und weit nach Osten vorkommt, ist die Langfußfledermaus eine südeuropäisch-mediterrane Art. Es ist denkbar, dass sich die beiden Wasserjäger Konkurrenz um Nahrung und Jagdgebiete machen und die eine deswegen dort vorkommt, wo die andere nicht ist. Aus Südfrankreich wird berichtet, dass die empfindlichere Langfußfledermaus aus vom Menschen gestörten Gewässerlebensräumen verschwindet und dass die Wasserfledermaus dort dann Fuß fasst.

Wenn Sie im Sommerurlaub in Süditalien, Bulgarien oder Griechenland Fledermäuse im Tiefflug über einem See oder Fluss beobachten können, dürfen Sie ziemlich sicher sein, dass dort Langfußfledermäuse vor Ihren Augen auf Beutesuche sind.

Verhalten: Das Jagdverhalten ist dem der Wasserfledermaus ausgesprochen ähnlich und muss deshalb hier nicht mehr ausführlich beschrieben werden. Die Wochenstubenkolonien der Langfußfledermaus können in Südosteuropa sehr beeindruckende Kopfzahlen aufweisen. So wohnen in bulgarischen Karsthöhlen mancherorts mehrere zehntausend Tiere.

Schutz: Für den Schutz der Langfußfledermäuse können wir in Deutschland selbst natürlich nichts tun. Von der Naturschutzpolitik der Mittelmeerstaaten (sowie unserer Unterstützung dafür und unserem Verhalten als Urlaubsgäste!) wird die Zukunft vieler noch relativ intakter südeuropäischer Lebensräume und damit auch die der Langfußfledermaus abhängen.

Breitflügelfledermaus
(Eptesicus serotinus)

Aussehen: Eine kräftige Fledermaus, in der Größe zwischen Teichfledermaus und Großem Mausohr. Ihre Spannweite entspricht knapp der einer Amsel. Die Ohren der Breitflügelfledermaus sind kürzer und etwas breiter als die der *Myotis*-Arten. Auch der Tragus ist weniger lanzettförmig spitz (*Myotis*-typisch), sondern oben abgerundet und leicht Richtung Schnauze gebogen. Er ist kürzer als bei den meisten *Myotis*-Arten und erreicht nur knapp ein Drittel der Ohrlänge. Die Ohren der Breitflügelfledermaus sind außerdem kräftig-»ledrig« und dunkel. Um sich zu vergegenwärtigen, wie sehr die Ohren verschiedener Fledermausarten sich unterscheiden und wie wichtig sie daher für die Bestimmung sind, empfiehlt es sich, an dieser Stelle ein bisschen durch den Artenteil zu blättern und die Ohren der Breitflügelfledermaus mit denen der schon besprochenen *Myotis*-Arten und z.B. mit denen des Abendseglers (Seite 109) und denen der Langohren zu vergleichen (Seite 117-118). Breitflügelfledermäuse haben langes, dunkelbraunes Fell auf dem Rücken, gelblichbraunes auf dem Bauch. Eine vorbeifliegende Breitflügelfledermaus kann also im Taschenlampenlicht durch das Fehlen eines weißlichen Bauches von ähnlich großen *Myotis*-Arten unterschieden werden. Breite, runde Flügel geben ihr den Namen und setzen sie für den Fledermausbeobachter auch vom Abendsegler ab, der schmalere, spitzer zulaufende Schwingen hat.

Lebensraum und Verbreitung: Breitflügelfledermäuse kommen in ganz Mittel- und Südeuropa vor. Sie jagen gerne an Wald- und Siedlungsrändern; dort auch um Straßenlampen herum, die Insekten anlocken. Kräftige Käfer wie Mist-, Mai- oder Junikäfer sind ihre Lieblingsbeute. Breitflügelfledermäuse wohnen meist in menschlichen Behausungen; gerne in etwas geräumigeren Spaltenquartieren.

Verhalten: Sie können auch mal dicht an den Boden oder das Laubwerk herankommen, um Beute zu machen. Hauptsächlich aber fliegen und jagen sie im freien Luftraum, in bis zu 15 m Höhe über dem Grund. Dort oben stoßen sie schmalbandige Ortungslaute von 10–20 ms aus, deren Energiemaximum um 27 kHz liegt. In diesem Frequenzbereich sind sie im Mischer-Detektor am besten zu hören. Allerdings liegen die Ortungslaute von Nordfledermaus, Kleinem Abendsegler und Zweifarbfledermaus auch ungefähr in diesem Frequenzbereich, was die Detektor-Bestimmung im Freiland deutlich erschwert.

Schutz: Wenn man mal eine pflegebedürftige Breitflügelfledermaus findet, muss ganz besondere Vorsicht walten. Wie alle Wildtiere sollten auch Fledermäuse nur mit Handschuhen oder mit einem Stofftuch angefasst werden, weil sie einen theoretisch mal beißen und dabei im Ausnahmefall auch Krankheiten übertragen können. Dies gilt im besonderen Maße für Breitflügelfledermäuse, weil fast alle der (wenigen!) jemals in Europa bekannt gewordenen Tollwutinfektionen bei Fledermäusen auf Breitflügelfledermäuse beschränkt waren. Sicher

Breitflügelfledermaus.

kein Grund zur Panikmache, aber ein Grund, vorsichtig zu sein! Mehr dazu berichtet Dr. Ursel Häußler im Experten-Interview ab Seite 88.

Nordfledermaus
(Eptesicus nilssonii)

Aussehen: Die Nordfledermaus ist sozusagen der kleine, kälteharte Vetter der Breitflügelfledermaus. Beide gehören zur Gattung *Eptesicus* und sehen sich entsprechend ähnlich. Das gilt insbesondere für die Ohr- und Tragusform, wie man beim Vergleich der Fotos feststellen kann. Die Nordfledermaus ist nur gut halb so schwer wie die Breitflügelfledermaus und hat damit ungefähr die Größe und Spannweite einer Wasserfledermaus. Sie hat mindestens so langes Fell wie die Breitflügelfledermaus, das noch dunkler und mit goldglänzenden Haarspitzen geschmückt ist. Erwachsene Tiere zeigen vor den Ohren gelbe Haarbüschel.

Lebensraum und Verbreitung: »Nomen est omen«, das gilt für Fledermäuse ganz besonders häufig. Die Wissenschaftler, die ihnen (meist im 19. Jahrhundert) Namen gaben, haben oft Informationen über Aussehen oder Verhalten der neu beschriebenen Arten mit in den Namen gepackt. Bei der Nordfledermaus war es die Verbreitung. In Europa kommt sie von allen Fledermäusen am weitesten hinauf in den skandinavischen Norden vor. Sie hat sogar nördlich des Polarkreises noch Wochenstuben. Das ist Weltrekord; keine andere Fledermausart reproduziert so weit nördlich!
In Skandinavien jagt die Nordfledermaus in Waldgebieten und über den vielen mückenreichen Seen. Auch bei uns mag sie es lieber etwas nördlich kühl und bevorzugt daher Wälder in Höhenlagen, wie sie sie in Mittelgebirgen findet.

Verhalten: Nordfledermäuse sind Jäger des freien Luftraums und entsprechend suchen sie in Wäl-

dern Lichtungen und Waldränder auf oder jagen vielleicht auch über den Baumkronen. Wie ihr großer Vetter Breitflügelfledermaus findet auch die Nordfledermaus das Insektenangebot an Straßenlampen verlockend. Sie nutzt zudem die Nahrungsfülle, die Insektenschwärme etwa in Feuchtgebieten darstellen.
Schutz: Die Art ist bei uns selten; wenig ist über sie bekannt. Entsprechend ist sie dringend schutzbedürftig, wo immer Kolonien bekannt sind oder neu entdeckt werden.

Nordfledermaus.

Abendsegler
(Nyctalus noctula)

Aussehen: Der Abendsegler (manchmal auch Großer Abendsegler genannt) ist ja ein alter Bekannter, der in diesem Buch schon mehrfach erwähnt wurde. Zusammen mit dem Großen Mausohr ist er die größte der hier vorgestellten Fledermausarten. Seine Spannweite ist größer als die einer Amsel. Noch etwas größer sind die Europäische Bulldoggfledermaus und der Riesenabendsegler. Auf diese beiden Südeuropäer gehen wir im Artenteil nicht näher ein.
Abendsegler haben kurze, stabile Ohren und einen pilzförmigen Tragus: unten ist der Stiel und oben verbreitert er sich wie die Kappe eines Champignons. Das ist ein gutes Erkennungsmerkmal. Das Fell ist kurz und anliegend in hell- bis rostbraunem Ton. Abendsegler sind kräftig, kompakt und gedrungen; gegen ein gleich großes Mausohr können sie beinahe »bullig« wirken. Mit den spitzen Zähnen ihrer starken Kiefer können sie auch die Chitinpanzer dicker Käfer problemlos knacken. Im Freiland sind sie an ihren langen, schmalen Flügeln von der Breitflügelfledermaus mit breiten, runden Flügeln (aber nur geringfügig kleinerer Spannweite) zu unterscheiden. Abendsegler haben außerdem eine eher spitz zulaufende, keilförmige Schwanzflughaut, Breitflügelfledermäuse eine mehr abgerundete.
Lebensraum und Verbreitung: In Mitteleuropa nehmen Abendsegler sommers wie winters in Baumhöhlen Quartier (neuerdings überwintern sie auch in Autobahnbrücken und unter Dachverschalungen). Daher sind sie auf Wälder oder Parklandschaften mit hohen, alten Bäumen angewiesen, in denen Spechte genügend Wohnraum für sie zimmern. Als schnelle Jäger des offenen Luftraums ziehen sie auf ihren nächtlichen Ausflügen weit umher, hoch über Wäldern, Seen, Ackerland und Siedlungsraum (Flughöhe meist 10–50 m über dem Boden).
Verhalten: Sie beginnen ihre Jagdflüge relativ früh; meist noch vor Anbruch der Dämmerung. So kann man Abendsegler sogar bei recht guten Lichtverhältnissen mit dem Fernglas beobachten, wenn sie noch mit den letzten Schwalben und

Mauerseglern auf Fliegen- und Käferfang sind. Ortungslaute suchender Abendsegler im freien Luftraum sind 10–20 ms lang und sehr schmalbandig (Frequenzbereich ungefähr 21–18 kHz). So lange Laute bei so tiefen Frequenzen hat bei uns keine andere Fledermausart. Deshalb ist der Abendsegler mit dem Mischer-Detektor recht gut zu bestimmen. Menschen mit sehr gutem, nicht discogeschädigtem Gehör können Abendsegler-Ortungslaute sogar mit dem bloßen Ohr hören.

Abendsegler sind in der Lage, Strecken von mehreren hundert Kilometern in einem oder wenigen Tagen zurückzulegen. Im Herbst und im Frühjahr »vagabundieren« sie in ganz Europa umher; wahrscheinlich auf der Suche nach guten Futterplätzen, die reichlich Winterspeck versprechen. Es scheint im Herbst eine generelle »Zugrichtung« zu geben: von Nordosteuropa, wo die meisten Wochenstuben sind, nach Südwesten zu uns, wo das »Weinklima« zur herbstlichen Jagd und zum Winterschlaf einlädt.

Im Herbst suchen sich die Männchen ein Paarungsquartier in einer Baumhöhle. Mit Balzrufen werben sie um Weibchen, die nacheinander meist mehrere Männchen aufsuchen. Die Zwillinge, die im nächsten Jahr zur Welt kommen, sind nicht immer vom selben Vater ...

Schutz: Zumindest Mittel- und Süddeutschland sind für Abendsegler weniger als Wochenstuben-, sondern eher als Frühjahrs-, Herbst- und Wintergebiet wichtig. Entsprechend bedeutsam sind Sicherung und Erhalt von Massenüberwinterungsquartieren wie Autobahnbrücken oder Dachverschalungen an Hochhäusern, unter denen mehrere tausend Abendsegler den Winter verbringen. Eine Gefahr geht von winterlichen Forst- und Parkarbeiten aus, bei denen immer wieder versehentlich Quartierbäume mitsamt winterschlafenden Abendseglern gefällt werden. Deshalb sollten Baumhöhlen vor den Fällarbeiten von Fachleuten auf Fledermäuse untersucht werden.

Der Abendsegler wird manchmal auch Großer Abendsegler genannt.

Kleiner Abendsegler
(Nyctalus leisleri)

Aussehen: Wie die Nord- zur Breitflügelfledermaus, so ist der Kleine Abendsegler eine Miniaturausgabe des Abendseglers. Halb so schwer wie der Abendsegler, etwas größer als eine Wasserfledermaus. Die Ohren der beiden Abendseglerarten (Gattung *Nyctalus*) sehen sich sehr ähnlich; auch der Kleine Abendsegler hat den typisch pilzförmigen Tragus. Das kurzhaarige Rückenfell des Kleinen Abendseglers ist etwas dunkler als das seines großen Vetters. Die Unterseite beider Arten ist nur wenig heller als der Rücken; ganz anders als bei den weißbäuchigen *Myotis*-Arten.

Lebensraum und Verbreitung: Der Kleine Abendsegler ist eben-

Kleiner Abendsegler im Flug.

falls eine Waldfledermaus, die bis auf den hohen Norden in ganz Europa vorkommt. Sein Sommerquartier hat er in ausrangierten Spechthöhlen und auch in Fledermauskästen, die im Wald aufgehängt wurden. Wie sein großer Vetter begibt er sich im Frühjahr und im Herbst auf vagabundierende Wanderschaft. Er kann dabei in kurzer Zeit bis zu 1000 km Flugstrecke zurücklegen.

Verhalten: Kleine Abendsegler fangen ihre Beute ausschließlich aus der Luft und lesen sie nicht von Wasseroberflächen oder Blättern ab. Obwohl sie hauptsächlich in Waldgebieten vorkommen, überlassen sie die Jagd im vegetationsreichen Waldesinneren manövrierfähigeren langsamen Fliegern wie der Bechsteinfledermaus und den Langohren. Kleine Abendsegler sind schnelle, wendige Jäger und finden ihr ideales Jagdhabitat an offeneren Stellen: an Waldrändern, auf Lichtungen und über den Baumwipfeln stellen sie Fliegen, Mücken und Nachtschmetterlingen nach. Auch über Gewässern kann man sie sehen, wie sie durch tanzende Schwärme kleiner Insekten hindurchschießen und sich in vielen, vielen Anflügen den Bauch voll schlagen. Kleine Abendsegler, die über Seen und Flüssen jagen, fliegen meist mehrere Meter über der Wasseroberfläche und damit viel höher als die »Gewässerspezialisten« aus der Gattung *Myotis* (Wasser-, Teich- und Langfußfledermaus).

Schutz: Generell ist über die Bestandssituation waldlebender Arten weniger bekannt als über die Gebäude bewohnende Fledermäuse. In besonderem Maße ist der Kleine Abendsegler auf den Erhalt alter Bäume in unseren Wäldern angewiesen, in denen Spechte ihm Wohnraum hinterlassen. Wandernde Arten wie den Kleinen Abendsegler und den Abendsegler können wir nur wirksam schützen, wenn wir sehr weiträumig denken. Naturschutz in europäischem Maßstab ist gefragt, wenn einzelne Tiere regelmäßig zwischen Polen und Süddeutschland, Mitteldeutschland und Frankreich hin und her pendeln. Erfreulicherweise gibt es ein Abkommen zum Schutz fernwandernder Arten und europäische Naturschutzrichtlinien. Wir sollten alle dazu beitragen, dass vertraglichen Regelungen auch Taten folgen. Europaweit wandernde Fledermäuse wie der Kleine Abendsegler können uns dabei helfen, unsere lokalen Naturschutzbemühungen in einen größeren geografischen Zusammenhang zu stellen.

Zweifarbfledermaus
(Verspertilio murinus)

Aussehen: Die Zweifarbfledermaus ist ein schönes Tier, ähnlich in der Größe wie ein Kleiner Abendsegler. Ihr weißlicher Bauch ist klar von der schwärzlichen Oberseite abgesetzt. Die schwärzlichen Rückenhaare haben silbrigweiße Spitzen, was der Zweifarbfledermaus einen ansprechenden Glanz verleiht. Ihr Gesicht, die stumpfe Schnauze und die etwas abendseglerähnlichen Ohren sind ebenfalls schwarz. Die Spannweite liegt etwas über der eines Buchfinken.

Lebensraum und Verbreitung: Ein typischer Lebensraum ist z.B. das Tatra-Gebirge: bewaldete Hänge, größere Lichtungen, sumpfige Niederungen und Felsen. Auch im Nordosten Deutschlands gibt es Wochenstuben der Zweifarbfledermaus, meist in Spaltenquartieren an Häusern. Selbst in so großen Städten wie Berlin scheinen Zweifarbfledermäuse zu wohnen. Vielleicht erinnert sie unser Betondschungel an ihre ursprünglichen felsigen Gebirgslebensräume?

Verhalten: Bevorzugtes Jagdhabitat ist der freie Luftraum. Zweifarbfledermäuse suchen ihre Beute gerne in hohem Flug über Gewässern, um Baumwipfel herum und auf großen, sumpfigen Waldlichtungen. Im Herbst und frühen Winter vollführen sie spektakuläre Balzflüge, z. B. um das Freiburger Münster. Auch dieser beeindruckende, vom Menschen errichtete sakrale Sandsteinturm könnte aus dem Blickwinkel einer Zweifarbfledermaus einem Felsabbruch im Gebirge gar nicht so unähnlich sein.

Schutz: Viel Spannendes gibt es in Zukunft noch über die Zweifarbfledermaus zu erfahren. Selbst ihre Verbreitung in Deutschland ist bisher nur lückenhaft bekannt. Eventuell breitet sie sich gerade von Osten kommend bei uns aus. Wo neue Quartiere entdeckt werden, sollten diese natürlich an die zuständige zentrale Kartierungsstelle (siehe Anhang) gemeldet und unbedingt erhalten werden.

Zweifarbfledermaus.

Zwergfledermaus
(Pipistrellus pipistrellus)

Aussehen: Eine winzige, bräunliche Fledermaus mit relativ kleinen, dunklen Ohren. Die Ohren haben eine dreieckige Form; der Tragus ist relativ klein und leicht nach innen gebogen. Die dunkle Schnauze und die dunklen Ohren bilden ein schwärzlich-dunkles Dreieck, wenn man eine Zwergfledermaus von vorn betrachtet. Daran kann man sie recht gut von kleinen *Myotis*-Arten unterscheiden, auch wenn sie in einem Spaltenquartier sitzt und man nur den Kopf sieht.

Bis vor kurzem war die Zwergfledermaus die kleinste bei uns bekannte Fledermausart (vgl. nächste Art).

Lebensraum und Verbreitung: Zwergfledermäuse kommen in weiten Teilen Europas vor. Ihre Quartiere suchen sie sich in engen Spalten, die sie hierzulande meist an menschlichen Bauwerken finden. So hängen Zwergfledermäuse unter Dachverschalungen, hinter Fensterläden und in Mauerritzen. Manchmal ziehen sie sogar schneller in Neubauten ein als die eigentlichen Bauherren ... Von den Quartieren aus fliegen sie in ihre Jagdgebiete, die entsprechend häufig im Siedlungsbereich und am Rand von Ortschaften liegen. Gerne gehen Zwergfledermäuse in halbwegs offenem Gelände auf Beutesuche. Das reiche Insektenangebot, das vom Licht unserer Straßenlampen angelockt wird, erweckt dabei ihr besonderes Interesse.

Kaum daumengroß ist die Zwergfledermaus.

Verhalten: Zwergfledermäuse fliegen schnell und wendig. Wenn sie ein Beuteinsekt entdeckt haben, weichen sie häufig von ihrer vorherigen Flugbahn ab und stürzen zwei, drei Meter nach unten, um es zu fangen. Entsprechend kann man bei jagenden Zwergfledermäusen einen Flugweg in »Zickzackbahnen« beobachten.

Im Herbst kommt es immer wieder vor, dass etliche junge Zwergfledermäuse sich in Häuser hinein verirren. Plötzlich hat man dann bis zu mehrere Dutzend dieser Winzlinge im Wohnzimmer sitzen; eine für die Fledermäuse sehr missliche Lage. Das Ziel der Fledermäuse bei diesen herbstlichen »Invasionen« ist nicht ganz klar. Vielleicht gehen hier viele Jungtiere zusammen auf Erkundungsreise und Quartiersuche?

Schutz: Die Zwergfledermaus ist unsere häufigste einheimische Fledermausart. Da sie im menschlichen Siedlungsraum Wohnung und Nahrung findet, scheint sie das Zusammenleben mit uns Zweibeinern ganz gut zu meistern. Umso mehr ist sie von Quartierzerstörung durch Renovierungsarbeiten, giftige Holzschutzmittel und dergleichen bedroht. Entsprechend sollten wir uns dafür einsetzen, die einigermaßen gesunden Zwergfledermaus-Bestände auch zu erhalten.

Mückenfledermaus

(Pipistrellus pygmaeus/ mediterraneus)

Aussehen: Hier haben wir es mit einer kleinen zoologischen Sensation zu tun. Die Mückenfledermaus ist eine mitten in Europa neu entdeckte Art! Sie sieht der Zwergfledermaus ausgesprochen ähnlich und war bis vor kurzem mit ihr in einen Topf gesteckt worden. Seit Mitte der 1990er Jahre aber machten vor allem englische Biologen darauf aufmerksam, dass man es wahrscheinlich mit zwei verschiedenen Arten zu tun habe: der altbekannten Zwergfledermaus und eben der Mückenfledermaus. Ihnen war aufgefallen, dass es Zwergfledermäuse gibt, deren Echoortungslaute ihre Endfrequenz (ungefähr gleich dem Energiemaximum bei Suchlauten im freien Luftraum) bei ungefähr 45 kHz haben (besser 42–50 kHz), und andere, bei denen die Endfrequenz um 55 kHz (52–57 kHz) liegt. Daran angeschlossene molekulargenetische Untersuchungen zeigten, dass die »55-kHz-Fledermaus« eine eigene, von der »45-kHz-Zwergfledermäusen« genetisch getrennte Art ist.

Somit konnte man die neue Art zwar per Lautanalyse und mit genetischen Methoden von der Zwergfledermaus unterscheiden, sichere Bestimmungsmerkmale am Tier selbst fehlten aber noch. Dr. Ursel Häußler (siehe Experten-Interview ab Seite 88) hat sich zusammen mit einigen Kollegen besonders darum bemüht. Sie hat herausgefunden, dass die neue Art noch etwas kleiner als die Zwergfledermaus und damit unsere kleinste einheimische Fledermaus ist. Die neue Art hat ein helleres Gesicht und eher hellbraunes Fell. Männchen der neuen Art haben einen beinahe orangefarbenen Penis, wohingegen der Penis von Zwergfledermausmännchen gräulich ist und einen hellen Längsstreifen hat (siehe Foto). Von Dr. Häußler stammt auch der Vorschlag, die neue Art auf Deutsch Mückenfledermaus zu taufen – in Anspielung sowohl auf ihre Körpergröße als auch auf ihre Beute. Wie der wissenschaftliche Name lauten wird, ist indes noch nicht entschieden. Zwei Vorschläge werden diskutiert: *Pipistrellus pygmaeus* und *Pipistrellus mediterraneus.* Von den strengen Regeln der zoologischen Nomenklatur (Namensgebung) und viel weiterer Arbeit in den wissenschaftlichen Sammlungen verschiedener Museen wird es abhängen, welcher Name letztlich gewählt werden wird.

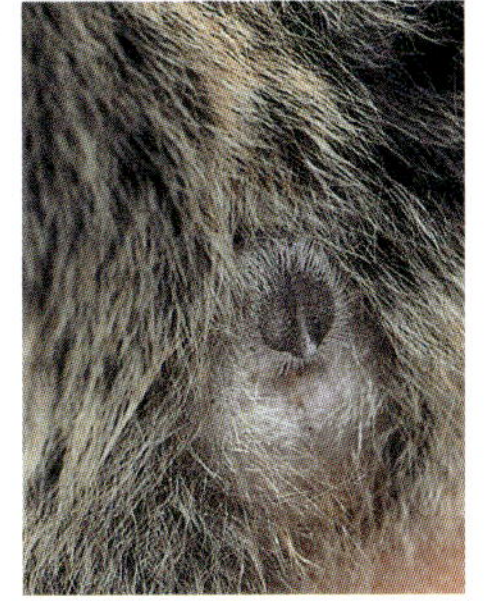

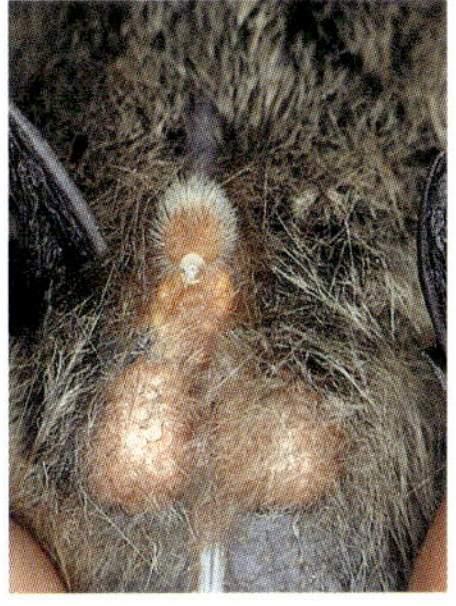

Oben: Mückenfledermaus: eine neu entdeckte Art mitten in Europa.

Rechts: Penis Zwergfledermaus.

Ganz rechts: Penis Mückenfledermaus.

Lebensraum und Verbreitung: Da diese neue Art erst seit so kurzer Zeit bekannt ist, sind unsere Kenntnisse über ihre Verbreitung noch äußerst lückenhaft. Wahrscheinlich kommt sie in weiten Strecken Europas vor: aus Skandinavien, England, Spanien, Italien, mehreren osteuropäischen Ländern und auch aus Deutschland sind bereits Mückenfledermäuse bekannt. Im Gegensatz zur Zwergfledermaus, die sich in vielen Lebensräumen wohl fühlt, scheint die Mückenfledermaus etwas spezifischere Ansprüche zu haben. Sie jagt vornehmlich in Waldgebieten in Gewässernähe, etwa in Auwäldern, an Teichen usw.

Verhalten: Das Verhalten dieser neuen Art ist noch völlig unzureichend erforscht.

Schutz: Um die Mückenfledermäuse schützen zu können, ist es dringend erforderlich, mehr über diese neu entdeckte Fledermausart herauszufinden. Mit Sicherheit kann wohl gesagt werden, dass sie bei uns wesentlich seltener ist als die Zwergfledermaus.

Rauhautfledermaus

(Pipistrellus nathusii)

Rauhautfledermaus.

Aussehen: Rauhautfledermäuse sehen der Zwergfledermaus auf den ersten Blick recht ähnlich, auch wenn sie geringfügig größer sind. Wie sie gehören sie zur Gattung *Pipistrellus.* Die Rauhautfledermaus hat im Vergleich zur braunen Zwergfledermaus ein eher rötlichbraunes Fell (zumindest im Sommer). Außerdem ist die Schwanzflughaut der Rauhautfledermaus an der Oberseite bis ungefähr zur Mitte behaart; bei der Zwergfledermaus ist sie unbehaart.

Lebensraum und Verbreitung: Sie jagt und wohnt hauptsächlich in Waldgebieten. Dort findet sie Quartiere in Baumhöhlen, Fledermauskästen und allerlei Spalten. Im Winter werden häufiger winterschlafende Rauhautfledermäuse in aufgeschichteten Brennholzstapeln gefunden.

Verhalten: Rauhautfledermäuse wandern. Im Herbst bewegen sie sich aus dem Nordosten (neue Bundesländer und Polen), wo sie ihre Wochenstuben haben, Richtung Südwesten zu den Winterquartieren. Das führt dazu, dass Rauhautfledermäuse mancherorts nur saisonal zu finden sind. Viel dessen, was man vom Zugverhalten der Rauhautfledermäuse weiß, geht auf die Beringungsprogramme zurück (siehe Experten-Interview auf Seite 63).

Wie die Zwergfledermaus bekommen auch Rauhautfledermäuse häufig Zwillinge.

Schutz: Als fernwandernde Art ist sie wie die Abendsegler in besonderem Maße auf europaweiten Naturschutz angewiesen.

Alpenfledermaus

(Hypsugo savii)

Aussehen: Früher gehörte die Alpenfledermaus zur Zwergfledermausgattung *Pipistrellus.* Inzwischen hat man sie in eine eigene Gattung *Hypsugo* gesteckt. Sie ist ähnlich klein wie die Zwergfledermaus, aber leichter von ihr zu unterscheiden als eine Mückenfledermaus. Ihr Bauchfell ist weißlich mit einem Stich ins Gelbe oder Graue und auffällig von der glänzend braunen Oberseite abgesetzt. Das Rückenfell ist etwas variabel in der Färbung. Das bulgarische Tier auf dem Foto hat ein rötlichbraunes Haarkleid mit typisch goldglänzenden Spitzen. Die schwarzen Ohren der Alpenfledermaus sind runder als die der Zwergfledermaus.

Lebensraum und Verbreitung: Die Alpenfledermaus lebt zwar auch in, aber vor allem südlich der Alpen im gesamten Mittelmeerraum. Sie ist in Karstlandschaften und Gebirgen zu Hause. Eine gewisse Vorliebe für felsige Lebensräume macht ihr auch eine Steinansammlung in Form einer Siedlung zum interessanten Areal. In einigen mediterranen Städten ist sie daher gar nicht selten.

Verhalten: Sie erbeutet ihre Nahrung wie die Zwergfledermäuse im Flug. Auch die Alpenfledermaus kann man bereits im letzten Tageslicht beobachten. Sie ist ein schneller Jäger des freien Luftraums und steigt mitunter sehr hoch über den Boden auf.

Schutz: Die Alpenfledermaus tritt innerhalb Deutschlands nur vereinzelt im äußersten Süden auf.

Eine rötlich schimmernde Alpenfledermaus aus Bulgarien.

Mopsfledermaus

(Barbastella barbastellus)

Aussehen: Die Mopsfledermaus ist das schwarze Teufelchen unter den europäischen Fledermausarten. Fell, Schnauze, Flügel und Ohren sind gänzlich schwarz. Das Gesicht wirkt wegen der kurzen Schnauze etwas gedrungen. Sehr auffällig sind die großen, über der Nase zusammengewachsenen Ohren. Das kleine Maul ist mit winzigen spitzen Zähnchen besetzt. Die Mopsfledermaus ist mit diesem kleinen Maul nicht in der Lage, größere Insekten zu fressen. Ihre Hauptbeute besteht deshalb aus nachtaktiven Kleinschmetterlingen, auf deren Fang sie spezialisiert zu sein scheint.

Lebensraum und Verbreitung: Mopsfledermäuse kommen in ganz Zentraleuropa vor. Vorzugsweise leben sie in Waldregionen und gerne darf es auch etwas gebirgiger sein. Im Sommer suchen sie sich Spaltenquartiere hinter abgeplatzter Baumrinde, in Spechthöhlen, hinter Fensterläden oder in der gedoppelten Wandung von Holzhütten. Im Winter hängen sie in Höhlen und Bergwerksstollen, meist bei auffällig kalten Temperaturen von nur wenigen Graden über dem Gefrierpunkt. Sie sind eine der wenigen Fledermausarten, die auch im kalten Nordosten Polens überwintern.

Verhalten: Ihre Lieblingsbeute, die Kleinschmetterlinge, fangen die Mopsfledermäuse im wendigen Patrouilleflug an Waldrändern und relativ dicht über

Mopsfledermaus.

den Baumwipfeln. Auch im Wald und über Gewässern ist diese noch relativ wenig erforschte Art schon beobachtet worden. Mopsfledermäuse haben ein großes und interessantes Repertoire von Echoortungslauten, die sie je nach momentaner Jagdsituation verändern.
Schutz: Früher war die Mopsfledermaus eine der häufigsten einheimischen Arten. Inzwischen aber gilt sie in vielen Gegenden Deutschlands als ausgestorben. Einige wenige Wochenstuben im Nordosten des Landes und zumindest Einzelnachweise auch in Süd- und Mitteldeutschland lassen hoffen, dass diese bizarre und interessante Fledermausart hier ganz langsam wieder Fuß fassen könnte. Wo sie wieder auftaucht, müssen wir ihre Quartiere schützen. Noch wichtiger aber ist es, von Pestiziden unbelastete Lebensräume zu erhalten und neu zu schaffen. An intakten Waldbiotopen erfreuen nicht zuletzt wir Menschen uns, und eine wiedererstarkte Kleinschmetterlingsfauna wird auch den rückkehrenden Mopsfledermäusen eine Lebensgrundlage bieten.

Braunes Langohr
(Plecotus auritus)

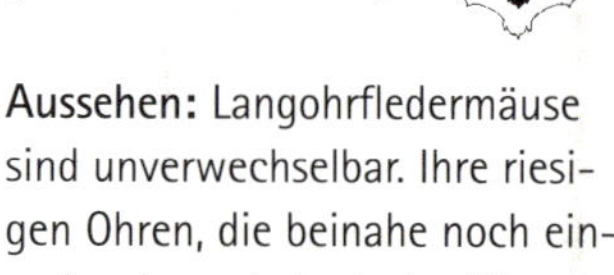

Aussehen: Langohrfledermäuse sind unverwechselbar. Ihre riesigen Ohren, die beinahe noch einmal so lang sind wie der Körper dieser Fledermäuse, und die relativ großen Augen verleihen ihnen ein charakteristisches Aussehen und einen fast koboldhaften Charme. Die Ohren sind über der Stirn durch eine Hautfalte miteinander verbunden. Dieses Merkmal kennen wir schon von der Mopsfledermaus, und tatsächlich sind Mopsfledermäuse und Langohren innerhalb der Glattnasenfledermäuse relativ nahe miteinander verwandt. So leicht es ist, Langohren von anderen Fledermäusen zu unterscheiden, so schwer ist es, die beiden bei uns heimischen Arten auseinander zu halten. Sie sehen sich wirklich zum Verwechseln ähnlich. Fell, Nasen- und Augenpartie sind beim Braunen Langohr eher braun, beim Grauen Langohr eher grau. Diesen Unterschied sieht man im direkten Vergleich der beiden Arten ganz gut. Wenn man es aber nur mit einem Tier zu tun hat und der Vergleich fehlt, ist das Farbmerkmal schon wesentlich weniger hilfreich. Ein Griff zur Schieblehre kann weiterhelfen: der Daumen (ohne Kralle gemessen) des Braunen Langohrs ist gewöhnlich größer als 6 mm, der des Grauen Langohrs kleiner als 6 mm. Zusätzlich werden Ohrmaße, Tragusfarbe und Details der Fellfärbung von Spezialisten zur sicheren Bestimmung herangezogen.
Lebensraum und Verbreitung: Braune Langohren sind Waldfledermäuse. Sie kommen in ganz Europa vor, einschließlich der Britischen Inseln und bis

hinauf nach Südskandinavien. Sie wohnen gerne in Baumhöhlen, in Rundkästen für Fledermäuse und auch in Vogelnistkästen. Manchmal findet man sie auch in Häusern.

Verhalten: Große Ohren sind zum Lauschen da. Langohren finden ihre Beute, indem sie nach Flattergeräuschen von Nachtfaltern oder nach sonstigen Krabbelgeräuschen horchen. In langsamem, fast schmetterlingshaftem Flug suchen sie das Blatt- und Buschwerk ab. Wenn sich irgendwo eine Beutetier

Portrait eines Braunen Langohrs.

Braunes Langohr im Rüttelflug.

durch Bewegungsgeräusche verrät, fangen die Langohren es vom Blattwerk weg. Ihre sehr leisen Echoortungssignale verwenden sie dazu, sich in ihrer Umwelt zu orientieren und auch um den zielgerichteten Anflug auf eine Futter verheißende Geräuschquelle zu steuern. Braune Langohren können aber auch in der Luft Insekten fangen. Erbeutete Insekten tragen sie oft zu einem Hangplatz, um sie dort zu verzehren. Unter einem viel benutzten Langohr-Fraßplatz kann man allerlei abgebissene Insektenflügel und sonstige Reste finden. Die meisten anderen Fledermausarten fressen ihre Beute im Flug und suchen anschließend sofort weiter nach Fressbarem.

Schutz: Da Braune Langohren relativ kleine Jagdgebiete in oft nur wenigen hundert Meter Entfernung zum Quartier unterhalten, kann man eine lokale Langohrpopulation recht wirksam schützen, wenn die Quartiere erhalten und gesichert sowie umliegende Waldgebiete ohne Einsatz von schwer abbaubaren Insektenvernichtungsmitteln bewirtschaftet werden.

Graues Langohr

(Plecotus austriacus)

Aussehen: Sieht – wie bereits beschrieben – dem Braunen Langohr sehr ähnlich. Beide Arten haben kurze, breite Flügel, die ihnen den langsamen, schmetterlingshaften Flug und sogar Rüttelflug auf der Stelle ermöglichen. Dieser langsame Flugstil zusammen mit den großen Ohren macht eine Bestimmung fliegender Langohren im Freiland relativ einfach.
Die Ohren sind übrigens nur voll aufgestellt, wenn das Tier fliegt oder im Hängen aufmerksam seine Umgebung abhört. Ansonsten können sie beim ruhenden Tier etwas »zusammenschnurren« und auch nach hinten umgelegt werden. Zum Winterschlaf verstecken Langohren ihre Lauscher unter den Flügeln, um Austrocknung und Erfrierungen zu vermeiden. Nur der große, breite Tragus ist noch zu sehen.

Lebensraum und Verbreitung: Das Graue Langohr ist die wärmebedürftigere der beiden Langohrarten. Im Gegensatz zu ihrem braunen Vetter kommt es ganz bis in die südlichsten Ecken unseres Kontinents vor. Dafür ist ihm schon der hohe Norden Deutschlands zu kalt; dort ist es nicht mehr anzutreffen.
Entsprechend sucht es sich warme Sommerquartiere, wie es sie hierzulande in Dachböden von Wohnhäusern und in Kirchendachstühlen findet. Auch seine Jagdgebiete hat es weniger im Wald, wo die Braunen Langohren hausen, sondern mehr im Randbereich menschlicher Siedlungen. Wenn man einmal einen überdimensionalen »Schmetterling« mit Riesenohren um eine Straßenlampe herumschwirren und Insekten fangen sieht, dann kann das sehr gut ein Graues Langohr sein.

Verhalten: Das Jagdverhalten ist dem des Braunen Langohrs ähnlich. Im Gegensatz zu den meisten anderen Glattnasenfledermäusen können die beide Langohren ihre Ortungslaute übrigens auch durch die Nase ausstoßen. So hat das Langohr hier auf dem Bild das Maul geschlossen. Alle anderen Glattnasenfledermäuse, die in diesem Buch ortend abgebildet sind, haben das Maul geöffnet, weil sie ja mehrmals pro Sekunde Echoortungslaute »herausschreien« müssen.
Schutz: Da häufig Dachböden als Quartier genutzt werden, fielen immer wieder Langohren den giftigen Ausdünstungen von Holzschutzmitteln zum Opfer. Bei Renovierungsarbeiten sollten nur ungiftige Holzschutzmittel verwendet werden, um Langohren und andere »Untermieter« nicht unbedacht zu töten.

Graues Langohr.

Große Hufeisennase
(Rhinolophus ferrumequinum)

Aussehen: Alle bisher vorgestellten Arten sind Glattnasenfledermäuse. Die letzten beiden Arten gehören zu einer anderen Gruppe im zoologischen System der Fledermäuse: zu den Hufeisennasen. Bei ihnen ist vieles anders. Ganz neue molekulargenetische Untersuchungen legen sogar nahe, dass die Hufeisennasen näher mit den Flughunden verwandt sind als mit den Glattnasenfledermäusen. Diese neue Hypothese wirft eine Vielzahl spannender evolutionsbiologischer Fragen auf; z. B. was die Entstehung der Echoortung betrifft.
Das auffälligste Merkmal der Hufeisennasen gab ihnen auch den Namen: Mitten im Gesicht haben sie einen filigran gestalteten Nasenaufsatz, der zum Mund hin abgerundet ist wie ein Hufeisen. Die morphologischen Details dieses Nasenaufsatzes werden auch dazu herangezogen, verschiedene Hufeisennasen-Arten auseinander zu halten. Da wir hier nur 2 der insgesamt 5 europäischen Hufeisennasen vorstellen, die sich schon größenmäßig ganz deutlich unterscheiden, müssen wir uns mit der Struktur des Nasenaufsatzes zu Bestimmungszwecken nicht weiter beschäftigen. Dennoch möchte ich Ihnen vorschlagen, die ästhetisch ansprechende und bizarre Gestalt des Nasenaufsatzes auf dem Foto einer eingehenden Betrachtung zu unterziehen. Hufeisennasen stoßen ihre Echoortungsrufe aus der Nase aus (produziert werden sie natürlich trotzdem im Kehlkopf) und der Nasenaufsatz dient der Bündelung das abgestrahlten Schalls.

Große Hufeisennase mit dem charakteristischen Nasenaufsatz.

Große Hufeisennasen erreichen ungefähr die Spannweite einer Amsel. Ihre Körpergröße variiert im Verbreitungsgebiet erheblich. Tiere aus Portugal wirken z. B. deutlich kleiner als Große Hufeisennasen aus der Schweiz.
Lebensraum und Verbreitung: Hufeisennasen sind wärmeliebende Südländer. 3 der 5 europäischen Arten kommen nur in Südeuropa und Nordafrika vor (Mittelmeer-, Mehely- und Blasius-Hufeisennase). Die Große Hufeisennase hat die Nordgrenze ihrer Verbreitung in Mitteleuropa. Sie würde wohl auch so ungefähr durch Mitteldeutschland verlaufen. Leider aber sind die Großen Hufeisennasen hierzulande so gut wie ausgestorben. Nach dramatischen, durch Pestizideinsatz verursachten Bestandseinbrüchen haben sie sich bisher nicht erholen können. In Südeuropa haben sie ihre Sommer- wie Winterquartiere in Höhlen. Mitunter hängen sie in Tropfsteinhöhlen wie Verzierungen unten an den Stalaktiten (siehe Foto). In der Schweiz findet man Wochenstuben der Großen Hufeisennase, wie früher auch bei uns, in warmen Kirchendächern.

Große Hufeisennase im Winterschlaf an einem Stalaktit.

Verhalten: Auf dem Weg in ihre Jagdgebiete und auch auf der Jagd fliegen Hufeisennasen stets dicht an der Vegetation und oft in nur 1 m Flughöhe über dem Boden. Sie jagen aber nicht nur im Flug, sondern auch von so genannten Hangwarten aus. Sie hängen sich an einer einigermaßen »übersichtlichen« Stelle an einem Ast ab und »scannen« ihre Umgebung. Dabei drehen sie unaufhörlich den Kopf von links nach rechts und senden ihre langen, konstantfrequenten Ortungslaute (bei der Großen Hufeisennase um die 83 kHz; regional etwas variierend) in die Nacht. Wenn im rückkehrenden Echo rhythmische Veränderungen ein flügelschlagendes Insekt anzeigen (siehe Seite 42-45), fliegt die Hufeisennase los, um es in der Luft zu erbeuten. Häufig erwischt sie das Insekt mit dem Flügel und schlägt es sich wie mit einem Tennisschläger ins Maul.

Schutz: Es wäre schön, wenn Große Hufeisennasen es schaffen würden, bei uns wieder heimisch zu werden. Pestizidfreie Insekten in einer einigermaßen intakten Landschaft sind die unbedingte Voraussetzung. Des Weiteren können wir nur hoffen, dass die Bestandsentwicklung in unseren Nachbarländern so positiv verläuft, dass dort ein paar Große Hufeisennasen ans Auswandern denken. So weit ist es leider (noch?) nicht.

Kleine Hufeisennase
(Rhinolophus hipposideros)

Aussehen: Die Kleine Hufeisennase ist eine unserer zartesten und kleinsten Fledermausarten. Auch sie zeigt ein schönes Hufeisen auf der Nase. Wie die Große Hufeisennase hüllt sie sich zum Schlafen und vor allem im Winterschlaf ganz in ihre Flügel ein – als ob sie sich einen weiten Mantel umlegen würde. So sieht man von den winterschlafenden Kleinen Hufeisennasen auf dem Foto auf Seite 69 nicht viel mehr als zwei Beine und den geschlossenen »Flügel-Mantel«.

Lebensraum und Verbreitung: Gleichfalls eine wärmeliebende Art, die ebenfalls ihre nördliche Verbreitungsgrenze in Mitteleuropa hat. Im Süden lebt sie in Höhlen, hier bei uns in Dachböden oder warmen Kellern. Kleine Hufeisennasen jagen gerne in buschreichen Parklandschaften, lichten Wäldern in Südeuropa häufig in Karstgebieten.

Verhalten: Kleine Hufeisennasen scheinen mehr Jagdzeit im Flug zu verbringen als Große Hufeisennasen, die gerne von Hangwarten aus nach Beute suchen. Als Winzlinge, die sie nun mal sind, fressen sie auch winzige Insekten: kleine Fliegen und Mücken, Kleinschmetterlinge und Käfer.

Hufeisennasen sind geschickte, manövrierfähige Flieger auf breiten Flügeln, aber recht schlecht »zu Fuß«. Während die meisten Glattnasenfledermäuse gut und beeindruckend flink auf allen vieren krabbeln und auch vom Boden aus starten können, vermeiden die Hufeisennasen jede Bodenlandung. Sie erreichen alles im Flug oder allenfalls hangelnd an den Hinterbeinen.

Schutz: Nur wenige Wochenstuben der Kleinen Hufeisennase sind bei uns erhalten geblieben. Wenn wir ihre angestammten Sommer- und Winterquartiere störungsfrei halten und ihnen giftfreie Insekten lassen, haben diese zierlichen Fledermäuse vielleicht eine Chance, dauerhaft in Deutschland zu überleben.

Kleine Hufeisennase.

Kontaktadressen Fledermausschutz

Bei den angegeben Adressen können die Adressen regionaler und lokaler Fledermausschutzgruppen und -vereine erfragt werden. Bei Drucklegung des Buches waren alle Adressen aktuell. Teilen Sie etwaige Adressänderungen, auf die Sie stoßen, dem Verlag bitte mit.

Gesamteuropa

EUROBATS Secretariat, Martin-Luther-King-Str. 8, D-53175 **Bonn**; Tel: +49-228-815 2420/1, Fax: +49-228-815 2445, eMail: enquiry@eurobats.org, Internet: http://www.eurobats.org

Schweiz

SSF – Stiftung zum Schutze unserer Fledermäuse in der Schweiz, c/o Zoo Zürich, Zürichbergstrasse 221, CH-8044 **Zürich**; allgemeine Auskünfte Tel: 01/254 26 80, Nottelefon 079/330 60 60, Fax 01/254 26 81, eMail: fledermaus@zoo.ch, Internet: http://www.fledermausschutz.ch

Österreich

Dr. F. Spitzenberger-Weiß, Naturhistorisches Museum, Postfach 417, A-1014 **Wien**

Deutschland

Baden-Württemberg
Arbeitsgemeinschaft Fledermausschutz in Baden-Württemberg e.V. (AGF B.-W.), Prof. Dr. Ewald Müller, Zoologisches Institut, Morgenstelle 28, 72076 **Tübingen**; Tel. 07071/2976873, Fax: 07071/2974634

Flederhaus der AGF B.-W. im Vogelschutzzentrum Mössingen, Ziegelhütte, 72116 **Mössingen**; Nottelefon 0179/4972995, Internet: http://www.flederhaus.de

Koordinationsstelle Fledermausschutz Nordbaden, Monika Braun (gleichzeitig Sprecherin der Koordinationsgruppe Fledermausschutz in Deutschland, KDF), Staatliches Museum für Naturkunde, Postfach 6209, 76042 **Karlsruhe**; Tel. 0721/1752165, Fax: 0721/1752110

Christian Roeder, Lehenbühlstr. 16, 71272 **Renningen**, Tel. 07159/80314 (NABU-BAG*)

Bayern
Koordinationsstelle für Fledermausschutz Nordbayern, Matthias Hammer, Universität Erlangen, Institut für Zoologie II, Staudtstraße 5, 91058 **Erlangen**; Tel. 09131/858788, Fax: 8528060, eMail: flederby@biologie.uni-erlangen.de (NABU-BAG*)

Koordinationsstelle für Fledermausschutz Südbayern, Dr. Andreas Zahn, Hermann-Löns-Str. 4, 84478 Waldkraiburg; Tel. 08638/86117, eMail: Andreas.Zahn@iiv.de (NABU-BAG *)

Berlin
Vespertilio e.V., Odenwaldstr. 21, 12161 **Berlin**; Tel. 030/79706287; Fax: 030/79 70 62 88, eMail: c.kallasch@berlin.de, Internet: http://www.fledermaus-online.de

AG Säugetierschutz beim NABU Berlin, Dr. Joachim Haensel, Brascheweg 7, 10318 **Berlin** (NABU-BAG *)

Brandenburg
Landesumweltamt Brandenburg, Naturschutzstation Zippelsförde, Dr. Dietrich Dolch, 16827 **Zippelsförde**; Tel./Fax: 03393/370816

Lutz Ittermann, Margaretenhof 4, 15518 **Neuendorf im Sande**; Tel. 03361/346754 (p.), 03366/351678 (d) (NABU-BAG *)

Bremen
Arbeitskreis Fledermäuse Bremen (AKF) (BUND und NABU), Axel Roschen, Ziegeleistr. 35, 27442 **Gnarrenburg**; Tel. 04763/627196, Fax: 627197 (NABU-BAG *)

c/o NABU-Umweltpyramide, Huddelberg 14, 27432 **Bremervörde**; Tel. 04761/71330, Fax: 71352

Hamburg
AG Fledermausschutz Hamburg beim Naturschutzbund Deutschland, Haiko Petersen, Rittmeisterkoppel 13d, 22359 **Hamburg**; Tel. 040/6035587, Fax: 040/60912155 (NABU-BAG *)

Hessen
Arbeitsgemeinschaft Fledermausschutz in Hessen (AGFH), Geschäftsführer: Dr. Klaus Richarz, Staatliche Vogelschutzwarte, Steinauer Str. 44, 60386 **Frankfurt**; Tel. 069/411532 und 418348, Fax. 069/425152,

Sekretariatsadresse: Arbeitskreis Wildbiologie an der Justus-Liebig-Universität Gießen e.V., Heinrich-Buff-Ring 25, 35392 **Gießen**; Tel. 0641/75143 u. 76569, Fax. 0641/75199

Fledermaus-Infotelefon (Markus Dietz und Marion Weber); Tel. 0641/75143, eMail: info@batline.de, Internet: http://www.batline.de

Karl Kugelschafter, Hollersgraben 27, 35102 **Lohra**; Tel. 06462/3999, Fax: 912897 (NABU-BAG*)

Mecklenburg-Vorpommern
AG Kleinsäugerschutz und Fledermausschutz Mecklenburg-Vorpommern (im NABU), Dr. Eckhard Grimmberger, Dorfstr. 27, 17495 **Steinfurth**; Tel. 038355/6262

Dr. Ralph Labes, Umweltministerium Mecklenburg-Vorpommern, Paulhöherweg 1, 19061 **Schwerin**; (privat: Amselweg 5, 19057 Schwerin); Tel. 0385/5888211 (d), 0385/785697 (p)

Uwe Hermanns, Maßmannstr. 11, 18057 **Rostock**; Tel. 0381/2007279

Henrik Pommeranz, Augustenstr. 77, 18055 **Rostock**; Tel. 0381/4900147 (NABU-BAG*)

Niedersachsen
Niedersächsisches Landesamt für Ökologie, Abt. Naturschutz, c/o Bärbel Pott-Dörfer, Postfach 10 10 62, An der Scharlake 39, 31135 **Hildesheim**; Tel. (05121) 509-0 (Zentrale), Fax: (05121) 509-196, Tel. (05121) 509-296 (Naturschutz), Fax: (05121) 509-233

NABU-Umweltpyramide, siehe Bremen

Arbeitsgemeinschaft Zoologische Heimatforschung Niedersachsen (AZHN e.V.), Alfred Benk, Konradstr. 6, 30457 **Hannover**; Tel. 0511/468347

Wolfgang Rackow, Baumhofstr. 103, 37520 **Osterode am Harz**; Tel./Fax: 05522/73841 (NABU-BAG *)

Nordrhein-Westfalen

Landesfachausschuss Fledermausschutz Nordrhein-Westfalen, Carsten Trappmann, Philippistraße 10, 48149 **Münster**; Tel. 0251/88145, eMail: CTrappmann@aol.com (NABU-BAG *)

Rheinland-Pfalz
AK Fledermausschutz Rheinland-Pfalz, Andreas Kiefer, Frauenlobstr. 93a, 55118 **Mainz**; Tel. 06131/638942

Manfred Weishaar, Im Hainbruch 3, 54317 **Gusterath**; Tel. 06588/95115 (NABU-BAG *)

Saarland
Christine Harbusch, Orscholzerstr. 15, 66706 **Perl-Kesslingen**; Tel. 06865/93934, Fax: 93935, eMail: meyer-harbusch@t-online.com (NABU-BAG *)

Sachsen
Landesamt für Umwelt und Geologie, Dr. Ulrich Zöphel, Fledermausmarkierungszentrale (FMZ), Zur Wetterwarte 11, 01109 **Dresden**; Tel./Fax: 0351/8928-318 (NABU-BAG *)

Wolfram Mainer, Kantstr. 5, 08451 **Crimmitschau**; Tel. 03762/ 42739 (NABU-BAG *)

Sachsen-Anhalt
Arbeitskreis Fledermäuse Sachsen-Anhalt (AFSA), Bernd Ohlendorf, Bienenkopf 91e, 06507 **Stecklenberg/Harz**; Tel./Fax: 03947/65320 (NABU-BAG *)

Schleswig-Holstein
AG Fledermausschutz c/o Schutz- und Forschungsstation Kalkberg, Oberbergstr. 29, 23795 **Bad Segeberg**; Tel. 04551/1033

AGF Schleswig-Holstein, Stefan Lüders, Dorfstr. 3, 23827 **Krems II**; Tel./Fax: 04557/380 (NABU-BAG *)

Thüringen
Interessengemeinschaft Fledermausschutz und -forschung in Thüringen e.V. (IFT), Martin Biedermann, Hügelstr. 11, 07749 **Jena**; Tel. 03641/635860

Koordinationsstelle Fledermausschutz Thüringen am Stattlichen Umweltamt Erfurt, Hallesche Str. 16, 99085 **Erfurt**; Tel. 0361/3789136

Harry Weidner, Hauptstr. 36, 07580 **Großenstein**; Tel. 036602/37060, eMail: h.weidner@gmx.de (NABU-BAG*)

) Im Naturschutzbund Deutschland (NABU e.V.) gibt es eine Bundesarbeitsgemeinschaft (BAG) Fledermausschutz. Die jeweiligen Landesvertreter dieser NABU-Arbeitsgemeinschaft sind mit (NABU-BAG) gekennzeichnet. BAG-Sprecher ist Lutz Itterman (siehe Brandenburg), die Mitteilungsblätter sind über Wolfgang Rackow (siehe Niedersachsen) zu beziehen.

Fledermausdetektoren, Lautanalysesoftware und weitere technische Hilfsmittel

Analysepaket Avisoft, Raimund Specht, Hauptstr. 52, 13158 Berlin; Tel. 030/916 37 58, Fax: 030/9163758, eMail: info@avisoft.de, Internet: http://www.avisoft.de

ChiroTEC, Hollersgraben 27, 35102 Lohra, Tel. 06462/912896, Fax: 912897, Internet: http://www.chirotec.de (automatische Erfassung von Fledermausaktivität)

Geräte und Anlagen für die biologische Forschung, Georg-Hieronymi-Str. 1, 61440 Oberursel; Tel./Fax: 07333/923334 (Detektoren, Kästen, automatische Erfassung von Fledermausaktivität)

Jüdes-Ultraschall, Inh. D. Barre, Schneiderkoppel 21, 24109 Melsdorf; Tel. 04340/1460, Fax: 04340/1417, Internet: http://www.juedes-ultraschall.de

(vertreibt u.a. Detektoren und das Analysepaket BatSound der schwedischen Firma Petersson)

Laar Media GmbH, Goethestr. 23, 46242 Bottrop (Detektoren); Internet: http://www.laarmedia.de

Die SSF-Stiftung zum Schutze unserer Fledermäuse in der Schweiz bietet einen preisgünstigen **Detektorbausatz** an. Bezug über: Fledermausschutz, Verkaufsshop SSF, General Guisan-Str. 5, CH-8127 Forch; Tel. 01/918 26 54, eMail: swiss@goldnet.ch, Internet: http://www.fledermausschutz.ch

oder über

BUND Naturschutzzentrum, Westlicher Hegau, Erwin-Dietrich-Str. 3, 78244 Gottmadingen; Tel. 07731/977103, Fax 07731/977 104, eMail: nsz.hegau@bund.net Internet: http://www.all-about-bats.net

Punctum GbR, Fachhandel für Freilandforschung, Sammlung und Labor, Apolloniaweg 6, 53773 Hennef; Tel. 02242/915630, Fax: 02242/915631, eMail:steinwarz@t-online.de

Fledermauskästen

Firma Schwegler, Vogelschutzgeräte GmbH, Heinkelstr. 35, 73614 Schorndorf

Firma Strobel, Herr Pröhl, Nitzschkaer Str. 29, 04639 Schmölln; Tel./Fax: 034491/81877

Bezug auch über Vogelschutzzentrum Mössingen, Ziegelhütte, 72116 Mössingen; Tel. 07473/1022

Weiterführende Literatur, Kassetten, CDs und Broschüren

Echoortungslaute europäischer Fledermäuse

Ahlèn, I.: European Bat Sounds (Tonkassette); Bezug über Jüdes-Ultraschall (s.o.)

Barataud, M.: Balladen aus einer unhörbaren Welt (2 CDs und Begleitheft); Bezug über Jüdes-Ultraschall (s.o.)

Laar Media: Fledermäuse (Audio-CD); sowie Fledermäuse – Leise Jäger der Nacht (Multimedia-CD); Bezug: Laar Media GmbH, Goethestr. 23, 46242 Bottrop

Limpens H.J.G.A., Roschen A.: Bestimmung der mitteleuropäischen Fledermausarten anhand ihrer Rufe (Lern- und Übungskassette mit Begleit-Heft); NABU-Projektgruppe Fledermauserfassung Niedersachsen, 1995; Preis: DM 17,50 zuzüglich DM 5,00 für Porto und Verpackung. Bezug: NABU-Umweltpyramide (siehe Bremen); oder über: Jüdes-Ultraschall (s.o.)

Weid, R.: Bestimmungshilfe für das Erkennen europäischer Fledermäuse – insbesondere anhand ihrer Ortungsrufe. Schriftenreihe des Bayrischen Landesamtes für Umwelt, 81, Seiten 63-72, München, 1988

Schutz-Material

»Schul-Ordner Fledermäuse« für Lehrer und Naturschutzgruppen

»Info-Ordner Fledermäuse für Architekten und Hausbesitzer« Bezug beider Materialien über: Markus Dietz, Arbeitskreis Wildbiologie Gießen (siehe Hessen)

Einen weiterer **Schul-Ordner** bietet die SSF-Stiftung zum Schutze unserer Fledermäuse in der Schweiz an (siehe oben bei Fledermausdetektoren)

Gebhard, J.: Das Fledermausbrevier (Teil I und II). Schweizer Tierschutz, 122,2, Seite 4-43 und 124,3, Seite 4-40, 1996 und 1997 (u.a. mit fundierten Informationen zur Pflege verletzter und kranker Fledermäuse); Bezug: Schweizer Tierschutz STS, Dornacherstr. 101, CH-4008 Basel

Zusätzlich bieten viele Fledermausschutzvereinigungen fundiertes und regionalbezogenes Informationsmaterial an. Eine Anfrage bei der Fledermausarbeitsgemeinschaft in Ihrer Nähe lohnt bestimmt (Adressen siehe oben).

Fledermausbücher

Gebhard, J.: Fledermäuse. Birkhäuser, Basel-Boston-Berlin, 1997

Neuweiler, G.: Biologie der Fledermäuse. Thieme, Stuttgart-New York, 1993

Richarz, K. & A. Limbrunner: Fledermäuse. Fliegende Kobolde der Nacht. Franckh-Kosmos, Stuttgart, 1999 (2. Aufl.)

Schober, W.: Mit Echolot und Ultraschall. Herder, Stuttgart, 1996 (2. Aufl.)

Schober, W. & E. Grimmberger: Die Fledermäuse Europas: kennen – bestimmen – schützen. Franckh-Kosmos, Stuttgart, 1998 (2. Aufl.) (Das Bestimmungsbuch für europäische Fledermäuse!)

Ein ebenfalls zur Fledermausbestimmung empfehlenswerter Artikel aus der Zeitschrift Myotis: **Helversen, O. von:** Bestimmungsschlüssel für die europäischen Fledermäuse nach äußeren Merkmalen. Myotis 27, Seite 41-60, 1989

Fledermauskundliche Zeitschriften aus Deutschland und europäischen Nachbarländern

Acta Chiropterologica. Bezug: Wieslaw Bogdanowicz, Museum and Institute of Zoology PAS, Wilcza 64, 00-679 Waszawa,

Polen [wissenschaftliche Zeitschrift in englischer Sprache]

Chirop-Echo. Bezug: Elisabeth Busch, Institut Royal des Sciences naturelles de Belgique, Rue Vautieer 29, B-1040 Bruxelles [in französischer Sprache]

Eurobat Chat. Bezug: EUROBATS Secretariat, Martin-Luther-King-Str. 8, D-53175 Bonn

Echolocation. Bezug: Musée d'Histoire Naturelle, Case postale 434, CH-Genève 6 [in französischer Sprache]

Der Flattermann. Informationen zum Fledermausschutz; Bezug: Monika Braun, Koordinationsstelle für Fledermausschutz Nordbaden, Staatl. Museum für Naturkunde Karlsruhe, Erbprinzenstr. 13 (Postfach 6209), 76133 Karlsruhe

Fledermaus-Anzeiger. Bezug: Fledermausschutz SSF/KOF, Winterthurerstrasse 190, CH-8057 Zürich

Le Rhinolophe. Bezug: A. Keller, Musée díHistoire Naturelle, Case postale 434, CH-Genève 6 [in französischer Sprache]

Mitteilungsblatt BAG Fledermausschutz im NABU e.V. Bezug: Wolfgang Rackow, Baumhofstr. 103, 37520 Osterode am Harz;

Myotis. Mitteilungsblatt für Fledermauskundler; Bezug: H. Roer, Zoologisches Forschungsinstitut und Museum Alexander König, Adenauerallee 150-164, 53113 Bonn [teilweise in englischer Sprache]

Nyctalus (NF). Bezug: Joachim und Renate Haensel, Brascheweg 7, 10318 Berlin-Karlshorst

Informationen über Bat Nights

Europa: EUROBATS Secretariat (Adresse s.o.), aktuelle Informationen im Internet: http://www.eurobats.org

Deutschland: Axel Roschen, NABU-Umweltpyramide, Huddelberg 14, 27432 Bremervörde;

Tel. 04761/71330, Fax: 71352, Internet: http://www.batnight.de

Berlin: Vespertilio e.V., Odenwaldstr. 21, 12161 Berlin;

Tel. 79 70 62 87; Fax 79 70 62 88, eMail: c.kallasch@berlin.de, Internet: http://www.fledermausfest.de oder http://www.fledermaus-online.de

Register

Danksagung

Am Ende dieses Buches möchten wir uns bedanken. Dieser Dank gilt zuerst allen Fledermausforschern und -schützern, die in vielen Jahrzehnten engagierter Arbeit dazu beigetragen haben, das Wissen über die nächtlichen Flatterwesen zu mehren. In Fachpublikationen und Tagungsbeiträgen haben sie ihr Wissen öffentlich gemacht; in vielen Diskussionen haben sie es mit uns geteilt. In einem Buch wie diesem können die entsprechenden Fledermauskundler leider nicht alle im Text namentlich zitiert werden; darum an dieser Stelle ein ganz herzlicher Dank an sie alle!
Wir sind Maja Kilian, Christian Dietz und Prof. Dr. Ewald Müller dankbar für ihre wertvollen Anmerkungen zum Manuskript. Weiterhin danken wir Andrea Schaub für ihre Hilfe bei Recherche und Fotografie. Der Textautor möchte seinem Doktorvater Prof. Dr. Hans-Ulrich Schnitzler und Prof. Dr. Elisabeth Kalko Dank sagen für all das, was er bei ihnen über Fledermäuse und Echoortung gelernt hat. Es spielt in diesem Buch eine entsprechend zentrale Rolle.

In Dankbarkeit für ihre Unterstützung und Toleranz widmen wir dieses Buch Gabi Nill und Maja Kilian.

Bildnachweis

Alle Fotos: Dietmar Nill

Grafiken: Marlene Gemke

Cartoon Seite 8: Reinhold Löffler

Sonagramme: Erik Riekenberg (S. 42) und Björn Siemers (alle anderen), beide Lehrstuhl für Tierphysiologie der Universität Tübingen

Die Deutsche Bibliothek - CIP-Einheitsaufnahme

Ein Titeldatensatz für diese Publikationist bei Der Deutschen Bibliothek erhältlich

BLV Verlagsgesellschaft mbH
München Wien Zürich
80797 München

Umschlaggestaltung: Studio Schübel
Titelfotos: Dietmar Nill

Lektorat: Dr. Friedrich Kögel
Layoutkonzept: Anke Steinbicker
Layout und DTP: Gaby Herbrecht, Mindelheim
Herstellung: Hermann Maxant
Reproduktion: dtp design typo print, Ismaning
Druck und Bindung: Neue Stalling, Oldenburg

Gedruckt auf chlorfrei gebleichtem Papier

Printed in Germany
ISBN 3-405-15930-X

Die Natur aktiv entdecken

Veronika Straaß
Natur erleben das ganze Jahr
Das Erlebnisbuch für die ganze Familie: die Natur im Jahreslauf bewusst wahrnehmen und aktiv entdecken. Mit Beobachtungstipps, Anleitungen zum Spielen und Experimentieren, Rezepten aus der Feld-, Wald- und Wiesenküche und vieles mehr.

Josef Blab / Hannelore Vogel
Amphibien und Reptilien erkennen und schützen
Lurche und Kriechtiere kennenlernen: Kennzeichen, Entwicklungsstadien, Lebensraumansprüche, Wanderungen, Nahrungserwerb, Angaben zu Gefährdung und Schutz, Beobachtungstipps.

BLV Tier- und Pflanzenführer für unterwegs
Die ganze Vielfalt der Natur entdecken: 771 Tier- und Pflanzenarten auf 871 Farbfotos; leichtes Auffinden der gesuchten Art durch Piktogramme, Gliederung nach Blütenfarben bei Pflanzen; handliches Einsteckformat und Plastikhülle – ideal für unterwegs.

BLV Naturführer
Michael Lohmann
Tiere in Wald und Flur
Der ideale Begleiter auf jedem Spaziergang: Säugetiere, Amphibien und Reptilien im Porträt – von Salamander und Frosch bis Marder und Reh.

Chris Kightley / Steve Madge / Dave Nurney
Taschenführer Vögel
Der umfassende, preiswerte Führer: 386 Vogelarten mit über 1500 Farbzeichnungen und Informationen zu Kennzeichen, Lebensraum, Verhalten, Ruf, Gesang.

Michael Lohmann
Vogelparadies Garten
Vögel im Garten beobachten und schützen: vogelgerechte Bepflanzung und Pflege, Bau von Nistkästen und anderen Nisthilfen, verletzte oder elternlose Vögel pflegen, Beobachtungstipps, Porträts von 35 Vogelarten, die unsere Gärten besuchen.

Im BLV Verlag finden Sie Bücher zu den Themen: Garten und Zimmerpflanzen • Natur • Heimtiere • Jagd und Angeln • Pferde und Reiten • Sport und Fitness • Wandern und Alpinismus • Essen und Trinken

Ausführliche Informationen erhalten Sie bei:

BLV Verlagsgesellschaft mbH • Postfach 40 03 20 • 80703 München
Tel. 089/12705-0 • Fax 089/12705-543 • http://www.blv.de